高等职业教育教材

安全技术与管理系列教材

化工安全生产管理

贾叶芬　主编

杨　薇　闫　茹　副主编

化学工业出版社

·北京·

内 容 简 介

《化工安全生产管理》聚焦于职业院校的高技能人才培养，内容与企业安全生产紧密联系。全书内容包括八个项目：树立安全生产与防护意识、基本安全生产条件与管理制度的落实、重大危险源的安全管理、危险化学品的安全管理、化工承压设备的安全操作与管理、化工装置检修的安全管理、企业安全文化的建设、安全生产的法律法规。每个项目下设置若干个任务，全书共二十二个任务。整体知识框架以项目为导向，以任务为载体展开，为学生快速适应企业安全生产奠定基础。

本书可作为高职本科和高职专科学校化工类等专业的教材，也可供从事化工企业安全生产管理的人员阅读。

图书在版编目（CIP）数据

化工安全生产管理 / 贾叶芬主编 ; 杨薇, 闫茹副主编. -- 北京 : 化学工业出版社, 2025. 2. -- (高等职业教育教材) . -- ISBN 978-7-122-47125-3

Ⅰ. TQ086

中国国家版本馆 CIP 数据核字第 2025SY5321 号

责任编辑：王海燕　　文字编辑：崔婷婷

责任校对：李露洁　　装帧设计：王晓宇

出版发行：化学工业出版社（北京市东城区青年湖南街 13 号　邮政编码 100011）

印　　装：高教社（天津）印务有限公司

787mm×1092mm　1/16　印张 10　字数 246 千字　　2025 年 2 月北京第 1 版第 1 次印刷

购书咨询：010-64518888　　售后服务：010-64518899

网　　址：http://www.cip.com.cn

凡购买本书，如有缺损质量问题，本社销售中心负责调换。

定　　价：32.00 元

前 言

化工生产是一个既充满机遇又极具挑战的领域，它为社会的发展注入了源源不断的动力，但同时也潜藏着巨大的安全风险。化工生产的原料多属于易燃、易爆、有毒害、有腐蚀性的物质，现代化工生产过程又多具有高温、高压、深冷、连续化、自动化、生产装置大型化等特点，稍有管理不当，就可能发生火灾、爆炸、中毒等事故，后果不堪设想。在化工企业的日常运营中，安全生产不仅关乎企业的生存与发展，更关系着每一位员工的生命安全与家庭幸福。因此，化工安全责任重于泰山，不容忽视。化工企业“安全第一、预防为主、综合治理”的标语，不仅是对安全生产的承诺，更是对每一位员工的提醒。所以，化工行业从业人员安全意识的提升、基本安全知识的掌握、规章制度的执行等，成为了化工企业安全生产的重要基石。

为落实党的二十大提出的“推进安全生产风险专项整治，加强重点行业、重点领域安全监管”，编写了本教材《化工安全生产管理》，旨在培养学生进行化工安全生产的能力，树立安全生产的意识。全书以项目引领、任务驱动，内容包括八个项目，即树立安全生产与防护意识、基本安全生产条件与管理制度的落实、重大危险源的安全管理、危险化学品的安全管理、化工承压设备的安全操作与管理、化工装置检修的安全管理、企业安全文化的建设、安全生产的法律法规。每个项目下设置若干个任务，全书共二十二个任务。整体知识框架以项目为导向，以任务为载体展开，实现在项目情境中提高学生安全意识、筑牢企业安全生产第一道防线。培育面向各行业安全管理和安全生产岗位，掌握扎实安全生产技术及管理知识的高技能型专业人才。

本教材由内蒙古化工职业学院贾叶芬担任主编，内蒙古化工职业学院杨薇、闫茹担任副主编，内蒙古化工职业学院张彦博、博大实地化学有限公司董事长兼内蒙古远兴能源股份有限公司副总经理高远参编。其中，杨薇编写项目一，项目四中的任务一、任务二、任务四；贾叶芬、高远共同编写项目二；杨薇、张彦博共同编写项目三；贾叶芬编写项目四中的任务三、项目七；闫茹、高远共同编写项目五；闫茹编写项目六、项目八。全书由贾叶芬负责统稿，天津职业大学刘景良教授主审。

本书在编写过程中，鄂尔多斯市亿鼎生态农业开发有限公司董事长兼总经理左春杰、内蒙古鄂尔多斯电力冶金集团股份有限公司氯碱化工分公司安环处处长金福生、内蒙古化工职业学院赵丽华做了大量工作；内蒙古博大实地化学有限公司、鄂尔多斯市亿鼎生态农业开发有限公司等化工企业的安全技术管理人员提供了无私的帮助和有益的建议；在此一并表示衷心的感谢。

由于编者水平所限，书中不妥之处在所难免，敬请广大读者批评指正。

编 者

2024 年 10 月

目　　录

项目一　树立安全生产与防护意识 …… 001

任务一　树立安全生产意识 …… 001

一、化工生产特点分析及安全重要性 …… 001

二、化工生产事故的特征及原因分析 …… 003

三、化工生产中的职业危害及其防护措施 …… 004

任务二　树立防护意识 …… 005

一、化工安全防护用品的使用 …… 005

二、安全警示标志的辨识 …… 009

项目二　基本安全生产条件与管理制度的落实 …… 012

任务一　学习基本安全生产条件的要求 …… 012

一、基本安全生产条件 …… 012

二、作业场所职业卫生要求 …… 016

三、安全通道设置及管线布置 …… 019

任务二　学习安全生产管理制度的规定 …… 019

一、安全生产责任制 …… 019

二、安全检查制度 …… 025

三、安全教育制度 …… 027

四、生产事故隐患排查治理制度 …… 028

五、生产事故调查与处理制度 …… 032

项目三　重大危险源的安全管理 …… 036

任务一　辨识重大危险源 …… 036

一、重大危险源的辨识 …… 036

二、危险化学品重大危险源的辨识 …… 038

三、重大危险源辨识的范围及方法 …… 038

任务二　管理重大危险源 …… 039

一、我国重大危险源管理法律法规要求 …… 039

二、重大危险源的安全评估 …… 041

三、危险化学品单位对重大危险源的管理 …… 042

项目四　危险化学品的安全管理 …… 045

任务一　危险化学品认知 …… 045

一、危险化学品安全现状及发展趋势 …… 045

二、化学品危险性种类 …… 046
三、危险化学品事故类型及特点 …… 048
任务二 安全储存与运输危险化学品 …… 050
一、危险化学品的安全储存 …… 050
二、危险化学品的安全运输 …… 051
任务三 事故的应急管理 …… 052
一、事故应急管理过程的认识 …… 052
二、事故的应急救援 …… 053
三、事故应急救援预案的编制 …… 057
四、事故应急救援预案的演练 …… 059
任务四 掌握危险化学品几类重大事故的现场应急处置要领 …… 062
一、火灾事故的应急处置 …… 062
二、爆炸事故的应急处置 …… 064
三、泄漏事故的应急处置 …… 065
四、中毒事故的应急处置 …… 066
五、化学灼伤的应急处置 …… 067

项目五 化工承压设备的安全操作与管理 …… 071

任务一 安全操作与管理压力容器 …… 071
一、压力容器的认识 …… 071
二、压力容器的安全使用 …… 072
任务二 安全使用与管理气瓶 …… 080
一、气瓶的认识 …… 080
二、气瓶的安全管理及使用 …… 082
任务三 安全运行与管理锅炉 …… 085
一、认识锅炉 …… 085
二、掌握锅炉安全附件的作用 …… 086
三、锅炉运行的安全管理 …… 088
四、锅炉常见事故及处理 …… 090
任务四 安全使用与管理压力管道 …… 092
一、压力管道的认识 …… 092
二、压力管道的安全使用 …… 093

项目六 化工装置检修的安全管理 …… 100

任务一 准备进行化工装置检修 …… 100
一、化工装置检修前的准备 …… 100
二、化工装置检修前的安全停车及安全处理 …… 102
任务二 化工装置检修安全作业 …… 104
一、化工装置检修作业的一般安全要求 …… 104
二、几种典型化工装置安全作业的要求 …… 105

项目七　企业安全文化的建设 …… 114
任务一　安全文化建设的认知 …… 114
一、企业安全文化建设的意义 …… 114
二、安全生产“五要素”及其关系 …… 115
任务二　企业安全文化建设的实施 …… 117
一、企业安全文化建设实施的举措 …… 117
二、企业安全文化建设实施过程中应注意的问题 …… 117
项目八　安全生产的法律法规 …… 120
任务一　了解法的基本知识 …… 120
任务二　了解安全生产基础法 …… 124
一、对生产经营单位的安全生产提出了基本要求 …… 124
二、对生产经营单位的安全生产保障提出了具体要求 …… 125
三、规定了从业人员的权利和义务 …… 128
四、生产安全事故的应急救援与调查处理 …… 129
任务三　了解职业安全在法律中的相关规定 …… 130
一、职业安全在《中华人民共和国宪法》中的相关规定 …… 130
二、职业安全在《中华人民共和国刑法》中的相关规定 …… 130
三、职业安全在《中华人民共和国民法典》中的相关规定 …… 131
任务四　了解职业安全行政法规 …… 133
一、《安全生产许可证条例》 …… 133
二、《危险化学品安全管理条例》 …… 134
三、《特种设备安全监察条例》 …… 141
四、《生产安全事故应急条例》 …… 147
五、《生产安全事故报告和调查处理条例》 …… 149
参考文献 …… 154

项目一 树立安全生产与防护意识

学习目标

知识目标

（1）掌握化工生产的特点。

（2）认识安全意识的重要性。

（3）掌握安全管理知识。

能力目标

（1）培养应急处理能力。

（2）提高风险评估能力。

素质目标

（1）强化责任意识。

（2）建立良好的沟通与协作机制。

（3）加强风险管理和评估。

（4）推动安全技术创新。

任务一　树立安全生产意识

加强化工生产安全管理，提高安全意识，严格执行安全操作规程，建立完善的安全管理制度，是保障生产安全、人员安全和环境安全的关键举措。

一、化工生产特点分析及安全重要性

1. 化工生产的特点

化工生产作为现代工业的重要组成部分，具有一系列独特的特点。这些特点不仅反映了化工生产的高技术性和高风险性，也体现了其对环境保护和产品精细化的高度要求。

（1）原料多样性　化工生产所使用的原料种类繁多，包括天然气、石油、煤炭、矿石以及各种有机和无机化合物。这些原料的物理性质和化学性质各异，因此在化工生产过程中，需要根据原料的不同特性，选择适当的工艺和设备，确保生产过程的顺利进行。

（2）反应复杂性　化工生产中的化学反应往往非常复杂，涉及多个反应步骤的进行和中间产物的生成。这些反应通常需要精确控制温度、压力、反应时间以及反应物的配比等条件，以确保反应能够按照预期的方向进行，并获得所需的产品。

（3）高温高压环境　许多化工生产过程需要在高温和高压的环境下进行。这种特殊的操作条件不仅增加了生产过程的难度，也对设备和人员操作能力提出了更高的要求。因此，化工生产中的设备必须能够承受高温高压的考验。同时，操作人员也需要经过专业培训，以确保生产过程的安全可控。

（4）自动化程度高　随着科技的发展，化工生产的自动化程度越来越高。现代化的化工企业通常采用先进的自动化控制系统，对生产过程进行实时监控和调整。这不仅提高了生产效率，也降低了人为错误导致的安全风险。

（5）产品精细化　化工生产的产品种类繁多，从基础的化学品到高端的专用材料，无一不包。这些产品往往具有较高的附加值和广泛的应用领域。为了满足不同领域的需求，化工生产需要不断提高产品的精细化程度，以满足用户对产品质量和性能的要求。

（6）环保要求高　化工生产过程中产生的废水、废气、废渣等污染物，对环境和生态造成了严重的威胁。因此，化工企业需要严格遵守国家的环保法规，采取有效的污染防治措施，降低污染物的排放量。同时，企业也需要加大研发投入，开发更加环保的生产技术和产品，以实现企业的可持续发展。

（7）安全风险大　化工生产过程中涉及大量的易燃易爆、有毒有害的物质，一旦发生事故，后果往往十分严重。因此，化工企业需要建立完善的安全管理体系，加强员工的安全培训和教育，提高员工的安全意识和应急处理能力。同时，企业也需要定期对生产设备和设施进行检查和维护，以确保其处于良好的运行状态。

（8）技术更新快　随着科学技术的不断进步，化工生产领域的新技术、新工艺和新设备不断涌现。这些新技术、新工艺和新设备的应用，不仅提高了化工生产的效率和产品质量，也为企业带来了更多的发展机遇。因此，化工企业需要保持敏锐的市场洞察力，及时跟进最新的技术发展趋势，不断提升自身的技术水平和创新能力。

综上所述，化工生产具有原料多样性、反应复杂性、高温高压环境、自动化程度高、产品精细化、环保要求高、安全风险大以及技术更新快等特点，这些特点共同构成了化工生产独特的行业特征和挑战。面对未来，化工企业需要不断创新和进步，以适应市场需求和环境保护的双重压力，实现可持续发展。

2. 化工生产安全的重要性

化工生产，作为现代工业的重要组成部分，涉及大量高温、高压、易燃易爆、有毒有害的化学物质，这种特性使得化工生产安全显得尤为重要。安全不仅是企业的生命线，更是每一位员工及其家庭幸福的保障。

（1）保障人员生命安全　化工生产过程中的安全直接关系到员工的生命安全。一旦发生事故，不仅可能导致员工伤亡，还可能引发连锁反应，造成更大的灾难。因此，化工生产安全的首要任务是确保员工的生命安全，通过制定严格的安全操作规程、进行定期的安全培训以及编制有效的应急预案，降低事故发生的概率，减少人员伤亡。

（2）预防环境污染　化工生产过程中的原材料和产品很多是有毒有害的，一旦发生泄漏，将对环境造成严重的污染。这不仅威胁到人们的健康和生态安全，还可能导致企业面临巨大的环境修复责任和经济损失。因此，化工生产安全也是预防环境污染的重要手段。

（3）维护生产稳定　生产稳定是企业持续发展的基础。一旦发生安全事故，将导致生产中断，甚至可能引发整个生产线的停产。这不仅影响企业的正常运营，还可能给企业带来重大的经济损失。因此，化工生产安全是维护生产稳定的重要保障。

（4）保障产品质量 安全的生产环境是保障产品质量的前提。在化工生产过程中，任何一个小的失误都可能导致产品质量不达标，给企业带来声誉损失和经济损失。因此，化工生产安全是保障产品质量的重要环节。

（5）促进企业可持续发展 安全生产是企业可持续发展的重要支撑。只有确保安全生产，企业才能稳定、健康地发展，为社会创造更多的价值。

（6）提高企业社会形象 化工生产安全事故往往会引发社会的广泛关注，一旦发生事故，企业的社会形象将受到严重损害。相反，如果企业能够确保安全生产，不仅可以减少事故的发生，还可以提高企业的社会形象，赢得社会的信任和尊重。

（7）保障经济效益 化工生产安全不仅关系到企业的社会效益，更直接关系到企业的经济效益。一方面，安全事故可能导致企业面临巨额的赔偿和修复费用，增加企业的运营成本；另一方面，安全事故可能导致生产中断，影响企业的正常运营和产品销售，从而影响企业的经济效益。因此，化工生产安全是保障企业经济效益的重要手段。

化工生产安全对于保障人员生命安全、预防环境污染、维护生产稳定、保障产品质量、促进企业可持续发展、提高企业社会形象以及保障经济效益都具有重要的意义，化工企业应充分认识到安全生产的重要性，加强安全管理，确保生产的安全、稳定、高效，为企业的长期发展奠定坚实的基础。

二、化工生产事故的特征及原因分析

1. 化工生产事故的特征

（1）突发性 化工事故往往发生突然，没有明显的预兆，导致难以及时应对和控制。

（2）后果严重性 化工事故可能造成严重的人员伤亡、环境污染和经济损失，影响范围广泛且严重。

（3）连锁性 一起事故可能引发连锁反应，导致事态进一步恶化，甚至影响整个生产系统或区域。

（4）复杂性 化工生产过程复杂，事故往往涉及多个步骤和工艺，因此事故的诊断和应对也相对复杂。

（5）多因素性 化工事故通常是多种因素相互作用的结果，包括人为因素、设备因素、环境因素等。

（6）影响持续性 化工事故的影响可能持续很长时间，包括人员伤亡、后续处理、环境修复等。

2. 化工生产事故的原因分析

（1）设备故障或老化 化工生产中的设备大多在高温高压等恶劣环境下运行，长时间运行可能导致设备故障或老化。设备故障或老化是引发事故的重要原因之一。

（2）操作失误或违规 人为操作失误或违规也是引发化工生产事故的常见原因。操作人员对设备的操作不熟练、粗心大意或故意违规操作都可能导致事故的发生。

（3）管理不善或疏忽 企业安全管理不到位、安全规章制度不完善、安全培训不足等都可能导致事故的发生。此外，企业管理人员对安全生产的重视程度不够，也可能导致事故的发生。

（4）环境影响或自然灾害　化工生产中的事故也可能受到外部环境的影响。例如，地震、洪水等自然灾害可能导致设备损坏、泄漏等事故的发生。此外，化工生产过程中产生的废气、废水等也可能对环境造成污染，从而引发事故。

综上所述，化工生产中的事故具有突发性、复杂性、后果严重性和多因素性等特点。事故的原因主要包括设备故障或老化、操作失误或违规、管理不善或疏忽以及环境影响或自然灾害等。因此，在化工生产过程中，企业应加强安全管理，提高员工的安全意识和操作技能，加强设备的维护和保养，以减少事故的发生和损失。

三、化工生产中的职业危害及其防护措施

1. 化工生产中的职业危害

（1）化学品暴露　工人可能暴露于各种化学品中，包括有毒气体、腐蚀性化学品、致癌物质等。吸入、皮肤接触或误食这些化学品可能会对健康造成危害。

（2）气体和粉尘　化工生产过程中产生的气体和粉尘可能对呼吸系统造成危害，包括气道刺激、呼吸困难甚至气道感染。

（3）高温和低温　在一些化工生产过程中，工人可能暴露于高温或低温环境中，可能导致中暑、烫伤、冻伤等问题。

（4）机械伤害　化工生产中使用的设备可能存在旋转部件、移动部件等，不正确操作或未经培训的操作可能导致机械伤害，如切割、挤压等。

（5）噪声和振动　某些化工生产过程可能产生噪声和振动，长期暴露于这种环境下可能导致听力损伤和其他健康问题。

（6）辐射　某些化学过程可能产生辐射，如紫外线、X 射线等，工人需要采取适当的防护措施以减小辐射对健康的影响。

（7）工作压力　化工生产中的工作可能需要面对高强度的工作压力，长期紧张的工作状态可能导致工人出现与工作相关的心理问题，如焦虑、抑郁等。

在化工生产中，对化学品的储存和处理需要谨慎，否则可能发生化学品泄漏、火灾、爆炸等危险事故，对工人生命和环境造成威胁。

2. 如何避免化工生产过程中的职业危害

（1）工作场所安全培训　对所有工作人员进行必要的安全培训，培训包括化学品安全、设备操作、紧急情况处理等内容。确保他们了解潜在的危险和如何应对突发情况。

（2）个人防护装备的使用　提供适当的个人防护装备，如呼吸器、防护眼镜、防护服等，并确保工人正确佩戴和使用这些装备。这样可以有效减少接触化学品、粉尘、辐射等危害源的风险。

（3）工艺控制和工程措施　采取工艺控制和工程措施来减少危险物质的释放和暴露。例如，使用密闭系统、通风设备、隔离设施等来降低化学品暴露的风险。

（4）定期健康检查　建立定期的健康监测机制，对工人进行身体检查和健康评估，及时发现和处理健康问题。

（5）编制事故应急预案　编制完善的事故应急预案，预案包括应急演练、紧急联系人、

急救设施等内容，确保在发生意外情况时能够及时有效地应对。

（6）定期检查和维护设备　确保设备的定期检查和维护，及时发现并修复潜在的安全隐患，减少设备故障导致的事故风险。

（7）工作环境监测　进行定期的工作环境监测，包括对空气质量、噪声、振动等进行监测，及时发现异常情况并采取相应措施。

（8）员工参与和反馈机制　鼓励员工参与安全管理，提供安全意识培训和安全奖励机制，并建立安全反馈渠道，及时收集和处理员工的安全意见和建议。

化工生产中存在多种职业危害，为了保护工人的健康和安全，需要采取有效的措施，包括工作场所安全培训、个人防护装备的使用、定期健康检查等。

任务二　树立防护意识

安全生产过程中的个人防护是一项至关重要的工作，这些个人防护措施有助于减小事故发生的概率，树立安全防护意识不仅关乎工人的健康和生命安全，也是企业可持续发展和社会和谐稳定的重要保障。

一、化工安全防护用品的使用

1. 常见化工安全防护用品

（1）化学防护服　用于保护身体不受化学物质的侵害。防护服的材料应根据所处理化学物质的性质来选择，以确保有效防护。

（2）防化学品手套　不同的化学品需要不同类型的手套材料，如丁腈、乳胶、PVC（聚氯乙烯）或氯丁橡胶等，用于保护手部不受化学物质的侵害。

（3）防护眼镜或防护面罩　用以保护眼睛和面部不受化学溅射或蒸气的伤害，防止化学物质接触到眼睛或面部皮肤。

（4）呼吸防护装备　如防尘口罩、防毒口罩、过滤式防毒面具或隔绝式呼吸防护用品，用于保护呼吸系统不受有害化学气体、蒸汽或粉尘的侵害。

（5）化学品防溅服　用于保护身体免受化学溅射的伤害，特别是在处理易溅射的化学物质时。

（6）安全靴或防化学品鞋　用于保护脚部不受化学物质的侵害，尤其是在可能有化学物质溅落到地面的环境中。

（7）防化学品围裙　在处理化学品时，用以保护前身不受化学物质的溅射伤害。

（8）紧急洗眼站和安全淋浴　虽然不是个人穿戴的装备，但在化学物质溅射到皮肤或眼睛时，紧急洗眼站和安全淋浴是重要的安全设施，可以迅速冲洗化学物质，减轻伤害。

2. 常用化工安全防护用品的使用方法与注意事项

（1）化学防护服的使用方法

① 选择合适的防护服。根据工作环境中存在的化学物质和潜在危害，选择合适类型和材质的防护服。确认防护服能够提供足够的防护性能，如防渗透性、防化学性等。

② 检查防护服。在穿着之前，仔细检查防护服是否有损坏、磨损或其他缺陷，如裂缝、孔洞或密封不良等。

③ 正确穿着。根据防护服的设计，按照正确的顺序穿戴，如图 1-1 所示，确保所有部分都正确固定和封闭，以避免化学物质的侵入。确保所有的缝隙和接口都严密封闭。

④ 佩戴其他个人防护装备。根据需要佩戴其他个人防护装备，如手套、安全鞋、眼镜、面罩或呼吸防护装备，确保全身的防护。

⑤ 使用后的处理。使用后，按照既定的程序脱除和处理防护服。如果是一次性使用，应按照危险废物的处理方式进行处置；如果可重复使用，应进行适当的清洁和消毒。

（2）化学防护服使用注意事项

① 培训和教育。确保穿着防护服的人员接受了适当的培训，了解如何正确穿脱防护服以及如何在紧急情况下进行自我救护。

② 保持防护服的完整性。在使用过程中，避免防护服被尖锐物品划破或撕裂，保持其完整性和密封性。

③ 热应激管理。穿着密封的化学防护服可能会导致体温升高，增加热应激的风险。需

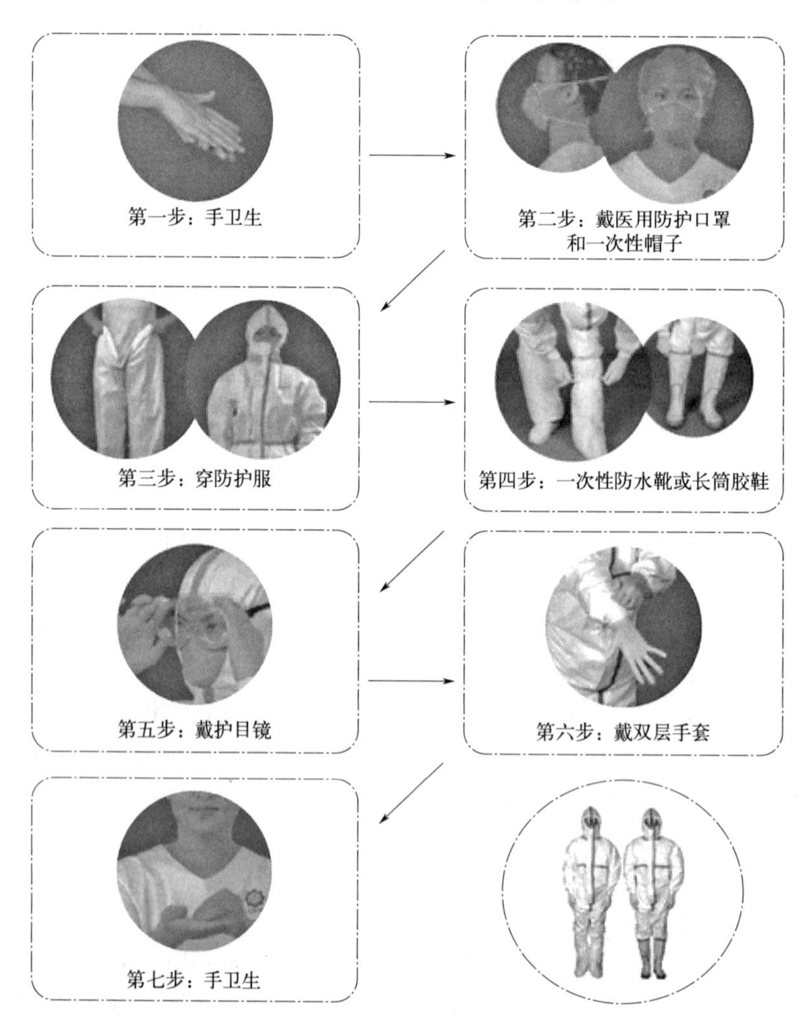

图 1-1　防护服穿脱流程图

要采取适当的预防措施，比如限制连续工作时间、设定休息时间和提供充足的水分补给。

④ 适应性检查。穿前应进行适应性检查，确保防护服适合穿着者的身体，不会限制运动或呼吸。

⑤ 紧急脱离准备。应制订紧急情况下的快速脱离计划，并确保穿着者了解如何在不安全情况下迅速脱下防护服。

⑥ 正确选择。穿着、使用和维护化学防护服对于确保工作人员的安全至关重要。每个环节的细节都不应被忽视，以保证工作人员的安全和健康。

3. 呼吸防护装备的使用方法与注意事项

呼吸防护装备的使用方法和注意事项是确保工作人员在有害环境中安全的关键，这些装备旨在防止工作人员吸入有害的气体、蒸气、粉尘或烟雾，正确地选择、使用和维护这些装备是至关重要的。

（1）呼吸防护装备的使用方法

① 选择合适的呼吸防护装备。根据现场的具体危害选择合适的呼吸防护装备。比如，对于粉尘，选择过滤式面具；对于有毒气体或氧气缺乏的环境，选择供气式呼吸器或自给式呼吸器。

② 进行适配测试。在首次使用呼吸防护装备前进行面部适配测试，确保装备与面部紧密贴合，没有泄漏。适配测试分为定性和定量两种，由专业人员操作。

③ 检查设备。在每次使用前仔细检查呼吸防护装备，确认没有损坏，检查过滤元件是否需要更换、阀门是否正常工作。

④ 正确佩戴。清楚地了解并遵循佩戴和脱除呼吸防护装备的正确步骤。确保面具或呼吸器正确固定，调整带子确保舒适且密封良好。

⑤ 使用后的处理。根据使用的呼吸防护装备类型，进行适当的清洁、消毒、检查和储存，以便下次使用。

（2）呼吸防护装备使用注意事项

① 培训。确保使用呼吸防护装备的人员接受了适当的培训，包括装备的选择、使用、维护和限制条件。

② 定期更换过滤元件。对于过滤式面具，定期更换过滤元件，或在感觉到呼吸阻力增大时更换。

③ 确保清洁和卫生。定期清洁面具，特别是面对面接触部分，避免交叉感染。

④ 检查保质期。对于有保质期的呼吸防护装备部件（如过滤盒），确保在有效期内使用。

⑤ 关注使用环境的变化。在使用过程中，注意监测环境中有害物质的浓度和氧气含量，确保呼吸防护装备能够提供足够的保护。

⑥ 避免在密闭空间中单独工作。在密闭空间中使用呼吸防护装备时，应有安全监护人员在外部，以防紧急情况发生。

4. 安全绳的使用方法与注意事项

安全绳的使用是高空作业及其他需要防坠落保护的活动中非常重要的安全措施。正确使用安全绳不仅能够防止跌落事故的发生，还能在发生意外时最大限度地减轻伤害。

（1）安全绳的使用方法

① 选择合适的安全绳。根据作业类型和环境，选择合适长度、材质和强度的安全绳。安全绳通常包括静态绳（用于悬挂或固定）和动态绳（用于攀爬时吸收冲击）。

② 检查安全绳。在使用前应仔细检查安全绳及其附件（如钩扣、缓冲器等）是否有损坏、磨损或老化。确认所有部件均处于良好状态，确保安全。

③ 正确连接。使用正确的绑结或专用连接器将安全绳固定在坚固的支点上。确保连接点足够牢固，能够承受预期的最大负荷。

④ 穿戴安全带。正确穿戴并调整安全带，确保安全绳与安全带正确连接。安全带应舒适，贴合身体，以避免在发生跌落时造成伤害。

⑤ 使用缓冲装置。在可能的情况下，使用缓冲装置可减少跌落时的冲击力。这对于减轻跌落伤害至关重要。

（2）安全绳使用注意事项

① 培训。在使用安全绳前，接受专业培训，了解其正确的使用方法、维护和检查程序。

② 双重保险。在可能的情况下，使用双重连接系统，以增加安全保障。

③ 定期检查与更换。定期对安全绳及其附件进行检查，及时更换任何损坏或疑似损坏的部件。

④ 避免锐角和磨损。使用时应避免安全绳经过锐角或粗糙表面，防止绳索被切断或磨损。

⑤ 正确储存。使用后，应将安全绳存放在阴凉处，保持绳子清洁和干燥，避免阳光直射和化学物质侵蚀。

⑥ 避免悬空摇摆。在高空作业时，尽量避免不必要的悬空摇摆，因为这可能导致安全绳卷绕或缠绕在锐利物体上。

⑦ 紧急准备。总是准备好紧急救援计划，并确保现场有适当的救援设备和训练有素的人员。

正确使用和维护安全绳对于确保高空作业等活动的安全至关重要。遵守上述指导原则，可以保障自己和同事的安全。

二、安全警示标志的辨识

1. 安全警示标识

根据《安全标志及其使用导则》（GB 2894—2008），安全标志是用以表达特定安全信息的标志，由图形符号、安全色、几何形状（边框）或文字构成。安全标志是向工作人员警示工作场所或周围环境的危险状况，指导人们采取合理行为的标志。

安全标志能够提醒工作人员预防危险，从而避免事故发生；当危险发生时，能够指示人们尽快逃离，或者指示人们采取正确、有效、得力的措施，对危害加以遏制。安全标志不仅类型要与所警示的内容相吻合，而且设置位置要正确合理，否则就难以真正充分发挥其警示作用。

2. 常见的安全警示标志

（1）禁止标志　通常是红圈中带一条斜线，表示某种行为是被禁止的。例如，禁止吸烟、禁止火种等，如图 1-2 所示。

（2）警告标志　通常为黄色背景，配上黑色边框和图形，用来提醒潜在的危险。例如，高压警告、易燃物警告等。

（3）指令标志　通常是蓝底白字或蓝底白图形，表示必须遵守的指示。例如，必须戴安全帽、必须戴防护眼镜等。

（4）提示标志　通常使用绿色，标明紧急出口、逃生路线或救援设备的位置。例如，紧急出口、避险处等。

案例介绍

【案例 1】 某化工企业泄漏事故：2021 年，某化工企业发生了化学品泄漏事故，导致周围环境受到污染，附近居民被迫疏散。初步调查显示，这起事故是由于操作人员在操作过程中未严格遵守安全操作规程，导致化学品泄漏。

【案例 2】 某化工厂爆炸事故：2022 年，某化工厂发生了严重爆炸事故，造成多人死亡和大量设备损坏。调查显示，这起事故是由于厂方未对设备进行定期检查和维护，导致设备故障引发爆炸。

【案例 3】 某化学品运输车辆侧翻：2022 年，一辆装载化学品的运输车辆在行驶途中发生侧翻，造成化学品泄漏，引发火灾。调查显示，司机驾驶过程中未注意到道路条件和车辆稳定性，缺乏对化学品运输安全的认识。

图 1-2　禁止安全标志

这些案例表明，化工生产中缺乏安全意识和管理不善往往会导致严重的事故，造成人员伤亡、环境污染以及经济损失。因此，加强安全意识教育和管理措施，确保员工严格执行安全操作规程，是预防化工生产事故的关键。

习题

一、问答题

1. 化工生产的主要特点是什么？

2. 化工生产安全的重要性有哪些？

3. 化工生产事故的特征及其产生的主要原因有哪些?

4. 如何避免化工生产过程中的职业危害?

5. 列举三个化工生产中常见的安全隐患，并说明如何预防。

6. 在选择个人防护装备时，应考虑哪些因素?

7. 常见化工安全防护用品有哪些?

8. 安全警示标志的作用是什么?

二、思考题

1. 讨论化工厂如何通过工程控制、管理控制和个人防护装备三个层面来减少职业危害。

2. 基于事故案例（自选上文三个案例中的一个），讨论事故发生的原因、过程、后果及应对措施。

项目二

基本安全生产条件与管理制度的落实

学习目标

知识目标

（1）掌握企业安全生产应具备的基本安全生产条件要求。

（2）熟悉安全生产责任制、安全检查制度、安全教育制度的内容和开展方式。

（3）掌握生产事故隐患排查治理的工作职责、工作内容、闭环管理、情况报告和档案的相关知识。

能力目标

（1）能够自主分析企业具备基本安全生产条件的情况。

（2）能够区分安全生产责任制、安全检查制度、安全教育制度。

（3）能进行生产事故隐患排查治理工作。

素质目标

（1）树立严格执行安全管理制度的意识。

（2）养成吃苦耐劳、严谨细致的学习态度。

（3）提高规范意识。

任务一　学习基本安全生产条件的要求

生产经营单位应当具备基本的安全生产条件，究其根本，是为了减少我国生产企业安全事故的发生；同时，也是企业生产经营活动的内在要求，是提高企业劳动生产率和实现经济效益的基础，对企业的生产经营以及提高经济效益起着决定性作用。

一、基本安全生产条件

《中华人民共和国安全生产法》（2021 年修正版）第二十条规定为：生产经营单位应当具备本法和有关法律、行政法规和国家标准或者行业标准规定的安全生产条件；不具备安全生产条件的，不得从事生产经营活动。

实际上，我们所说的“安全生产条件”具备两层含义，即安全生产条件和法定安全生产条件。安全生产条件是与安全生产相关的各种生产条件，具备安全生产条件则可实现安全生产，可以理解为安全生产的充分条件。法定安全生产条件是安全生产必须满足的条件，可以理解为安全生产的必要条件。因此，法定安全生产条件是安全生产条件的一个子集，见图 2-1。

通常我们所说的安全生产条件是指实现安全生产的必要条件——法定安全生产条件，是生产经营单位必须做到的，不满足不得从事生产经营活动的条件。

虽然满足了法定安全生产条件，生产经营活动未必不会出事故，但是我们鼓励有条件的生产经营单位创造满足安全生产的充分条件，必须满足法定安全生产条件。生产经营单位应当具备的基本安全生产条件，指的就是法定安全生产条件。

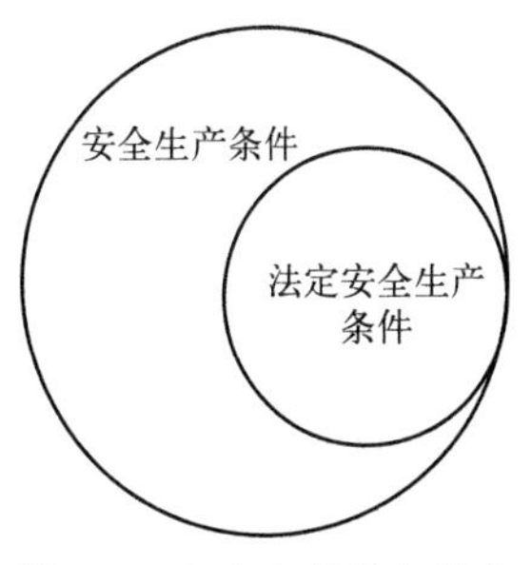

图 2-1　全生产条件与法定安全生产条件的关系

我国《中华人民共和国安全生产法》和有关法律、行政法规和国家标准或者行业标准规定的安全生产条件，是广大企业生产经营、安全生产长期实践的科学总结，是企业付出沉重代价甚至用职工群众的鲜血乃至生命换来的，是社会化生产客观规律的正确反映，是企业生产经营实现安全生产的根本途径。因此，企业及其各项生产经营活动，特别是新开办的各类企业和新建设的生产项目，必须精心组织准备，具备安全生产条件或者基本安全生产条件。同时，必须在企业各项生产经营活动过程中，结合安全生产实际和存在的问题，对已经具备的安全生产条件进行不断的改造、改进和提高，实现安全生产条件进一步完善。

对于企业应当具备的安全生产条件，主要指生产经营单位在安全生产制度建设、安全投入、安全生产管理机构设置和人员配备、有关人员培训考核、作业环境、生产设备、安全设施、工艺以及安全生产管理等方面必须符合法律法规规定的安全生产要求。以上内容在《安全生产许可证条例》（2014 年修订版）中也有明确指出。

1. 建立、健全安全生产责任制，制定完备的安全生产规章制度和操作规程

安全生产规章制度就是根据国家安全生产法律、法规的相关规定，结合本单位实际情况，制定的本单位安全生产方面的管理制度，如安全生产责任制、安全检查、安全培训、安全投入、隐患排查整改、伤亡事故管理、安全例会、特种设备管理、职业卫生管理、特种作业人员管理、现场安全管理、危险作业管理、检修安全管理、事故应急救援以及各岗位操作安全规程、设备安全维护规程等。

通常安全生产规章制度可分为四类，具体分类及包含内容详见表 2-1。

表 2-1　安全生产规章制度分类

面向一般管理的综合安全管理制度	面向安全技术的安全技术管理制度	面向职业危害的职业卫生管理制度	生产经营单位有关安全生产的其他管理制度
安全生产总则 安全生产责任制 安全技术措施管理 安全教育 安全检查 安全奖惩 “三同时”审批 安全检修管理 事故隐患管理与监控事故管理 安全用火管理 承包合同安全管理 安全值班	特种作业管理 危险作业审批 危险设备管理 危险场所管理 易燃易爆有毒有害物品管理 厂区交通运输管理 各生产岗位的安全操作规程	职业卫生管理 有毒有害物质监测 职业病管理 职业中毒管理	女工保护 劳动保护用品管理 保健食品管理 员工身体检查

2. 安全投入符合安全生产要求

安全生产投入是保障生产经营单位具备安全生产条件的必要物质基础，贯穿生产经营全过程，是企业管理的重要组成部分。生产经营在项目建设、项目投产等方面均需要安全投入。作为生产企业的主要负责人，有责任保证安全投入符合安全生产要求，切实发挥投入资金的作用，并保证安全生产投入资金的有效使用。在《企业安全生产费用提取和使用管理办法》［财资〔2022〕136号］进一步明确了一些行业企业安全生产费用的提取标准，进一步对安全生产投入加以保障。

3. 设置安全生产管理机构，配备专职安全生产管理人员

专职安全生产管理人员是指在生产经营单位中专门负责安全生产管理、不再兼任其他工作的人员，包括企业安全生产管理机构的负责人、专职工作人员和施工现场专职安全生产管理人员。

安全生产管理机构是指在人员分工和功能分化的基础上，使安全管理者群体中的各个成员担任不同的职务，承担不同的责任，赋予不同的权力，共同协作，为实现共同的安全工作目标而组织起来的安全管理系统。

生产经营单位的安全生产管理机构以及安全生产管理人员应当履行下列职责：

① 组织或者参与拟订本单位安全生产规章制度、操作规程和生产安全事故应急救援预案；

② 组织或者参与本单位安全生产教育和培训，如实记录安全生产教育和培训情况；

③ 组织开展危险源辨识和评估的活动，督促落实本单位重大危险源的安全管理措施；

④ 组织或者参与本单位应急救援演练；

⑤ 检查本单位的安全生产状况，及时排查生产安全事故隐患，提出改进安全生产管理的建议；

⑥ 制止和纠正违章指挥、强令冒险作业、违反操作规程的行为；

⑦ 督促落实本单位安全生产整改措施。

安全生产管理机构的设置及安全生产管理人员的配备，应当根据生产经营单位危险性的大小、从业人员的多少、生产经营规模的大小等因素，依据《中华人民共和国安全生产法》和地方性法规确定。

4. 主要负责人和安全生产管理人员经考核合格

《中华人民共和国安全生产法》第二十七条规定，生产经营单位的主要负责人和安全生产管理人员必须具备与本单位所从事的生产经营活动相应的安全生产知识和管理能力。危险物品的生产、经营、储存、装卸单位以及矿山、金属冶炼、建筑施工、运输单位的主要负责人和安全生产管理人员，应当由主管的负有安全生产监督管理职责的部门对其安全生产知识和管理能力考核合格。

5. 特种作业人员经有关业务主管部门考核合格，取得特种作业操作资格证书

特种作业是指容易发生事故，对操作者本人、他人的安全健康及设备、设施的安全可能造成重大危害的作业，特种作业的范围由特种作业目录规定。特种作业人员是指直接从事特

种作业的从业人员。特种作业人员必须经专门的安全技术培训并考核合格，取得特种作业操作证后，方可上岗作业。

6. 对各级各类从业人员进行安全生产教育和培训

开展安全生产教育和培训，既是国家法律法规的要求，也是生产经营单位搞好安全管理的基础性工作。为加强和规范生产经营单位安全教育和培训工作，提高各级各类从业人员安全综合素质，减轻职业危害，预防伤亡事故，中华人民共和国成立以来，我国颁布了多项法律、法规，明确提出要加强安全教育。例如：原国家安全生产监督管理总局制定的《生产经营单位安全培训规定》。

7. 依法参加工伤保险，为从业人员缴纳保险费

广义地讲，工伤保险是生产经营单位安全生产的事后保障。企业为从业人员缴纳保险，可以分散用人单位的工伤风险，也有助于从业人员安心工作，同时促进生产经营单位安全生产的保障。

8. 厂房、作业场所和安全设施、设备、工艺符合有关安全生产法律、法规、标准和规程的要求

生产经营单位必须提供安全可靠的作业条件，提供符合有关安全生产法律、法规、标准和规程要求的安全的作业场所，选择安全的生产工艺和可靠的安全设施、设备，以保障生产经营单位安全生产。

9. 有职业危害防治措施，并为从业人员配备符合国家标准或者行业标准的劳动防护用品

职业危害是指对从事职业活动的劳动者可能导致职业病或者其他人身伤害的各种危害因素。生产经营单位除采取管理和技术的手段预防、控制和消除职业危害源以外，还应给从业人员配备符合国家标准或者行业标准的劳动防护用品。

10. 依法进行安全评价

安全评价是一个利用安全系统工程原理和方法识别和评价系统、工程存在的风险的过程，这一过程包括危险、有害因素识别及危险和危害程度评价两部分。通过危险性识别及危险程度评价，客观地描述系统的危险程度，指导人们预先采取相应措施，来降低系统的危险性。

安全评价通常可根据实施阶段的不同，分为安全预评价、安全验收评价、安全现状评价3类。

（1）安全预评价　以拟建项目作为研究对象，根据建设项目可行性研究报告的内容，分析和预测建设项目可能存在的危险、有害因素的种类和危险程度，提出合理可行的安全措施及建议。经过安全预评价形成的安全预评价报告，将作为项目报批的文件之一，同时也是项目最终设计的重要依据文件之一。

（2）安全验收评价　在建设项目竣工验收之前、试生产运行正常之后，通过对建设项目的设施、设备、装置实际运行状况及管理状况的安全评价，查找该建设项目投产后存在的危险、有害因素，确定其危害程度，提出合理可行的安全措施及建议。

安全验收评价是为安全验收进行的技术准备，最终形成的安全验收评价报告将作为建设单位向政府安全生产监督管理机构申请建设项目安全验收审批的依据。另外，通过安全验收，还可检查生产经营单位的安全生产保障，确认《中华人民共和国安全生产法》的落实。

（3）安全现状评价　针对系统、工程（某一个生产经营单位总体或局部的生产经营活动）的安全现状进行的安全评价，通过评价查找其存在的危险、有害因素，确定其危害程度，提出合理可行的安全措施及建议。

这种对在用生产装置、设备、设施、储存、运输及安全管理状况进行的全面综合安全评价，是根据政府有关法规的规定或是根据生产经营单位职业安全、健康、环境保护的管理要求进行的。

评价形成的现状综合评价报告的内容应纳入生产经营单位安全隐患整改和安全管理计划，并按计划加以实施和检查。

11. 有重大危险源检测、评估、监控措施和应急预案

为了预防重大事故、特大事故的发生，降低事故造成的损失，生产经营单位应当严格按照法律、法规和标准进行重大危险源辨识，对重大危险源逐一登记建档，定期对其进行检测，掌握危险源的动态变化情况。同时，根据重大危险源的分析、辨识情况，选择合适的评估方法，对危险源可能导致事故发生的可能性和严重程度进行定性评价和定量评价，在此基础上进行危险等级划分以确定管理的重点。生产经营单位必须建立有效的重大危险源控制系统；制定重大危险源应急预案，并定期检验和评估其有效程度，以便必要时进行修订。同时，要把有关应急救援知识通过演习、安全教育和培训等方式及时告知从业人员和相关人员，以便在紧急情况下采取应急措施。

12. 有生产安全事故应急救援预案、应急救援组织或者应急救援人员，配备必要的应急救援器材、设备

生产经营单位必须根据《中华人民共和国安全生产法》及有关法律、法规的规定，制定事故应急救援预案，并根据企业实际情况的变化，对应急预案进行适时的修订，定期组织演练。

注意，事故应急救援预案和演练记录应当报当地卫生行政部门、安全生产监督管理部门和公安部门备案。

13. 法律、法规规定的其他条件

因各类生产经营单位的实际情况各有不同，所以不同生产经营单位应当具备的安全生产条件也有所区别。因此，各类生产经营单位应按照现行有效的法律、法规、规范及标准的规定，逐一达到所要求的安全生产条件。

二、作业场所职业卫生要求

作业场所的职业卫生条件是安全生产条件的一部分，依据国家相关法律法规的规定，应优先采用有利于保护劳动者健康的新技术、新工艺、新材料、新设备，限制使用或者淘汰职业病危害严重的工艺、技术、材料；生产过程应采取综合控制措施，使工作场所职业性有害因素符合国家职业卫生标准要求，防止职业性有害因素对劳动者的健康造成损害。

（一）作业场所职业卫生基本要求

1. 作业场所建筑物墙体、墙面及地面要求

（1）作业场所为产生强烈噪声和振动的车间，其墙体应加厚，且车间内应进行有效的隔声、吸声、隔振处理。

（2）产生粉尘、毒物或酸碱等强腐蚀性物质的工作场所，应有冲洗地面、墙壁的设施。

（3）作业场所地面应平整防滑，易于清扫。

（4）作业场所经常有积液的地面应不透水，并设坡向排水系统，其废水应收入工业废水处理系统。

（5）作业场所用水较多或产生大量湿气的车间，设计时应采取必要的排水防湿设施，防止顶棚滴水和地面积水。

2. 作业场所采光、照明要求

作业场所及建筑采光、照明设计按照现行有效的《工业企业设计卫生标准》《建筑采光设计标准》《建筑照明设计标准》进行。

3. 噪声、振动控制要求

作业场所噪声和振动控制设计按《工业企业噪声控制设计规范》和《工业企业设计卫生标准》进行。

4. 作业场所防寒、防暑、微小气候要求

（1）防寒　凡近十年每年最冷月平均气温小于等于8℃的月数大于等于3的地区应设集中采暖设施，小于2个月的地区应设局部采暖设施。当工作地点不固定，需要持续低温作业时，应在工作场所附近设置取暖室。

（2）防暑　高温作业车间应设有工间休息室，温度小于等于30℃，设有空气调节的休息室气温应保持在24～28℃；工作人员经常停留或靠近的高温地面或高温壁板，其表面平均温度不应大于40℃，瞬间最高温度也不宜大于60℃；特殊高温作业，热辐射强度应小于700W/m^2，室内气温不应大于28℃；当作业地点日最高气温大于35℃时，应采取局部降温和综合防暑措施，并应减少高温作业。

（3）微小气候　工作场所的新风应来自室外，新风口应设置在空气清洁区，新风量应满足下列要求：非空调工作场所人均占用容积小于20m^3的车间，应保证人均新风量大于等于30m^3/h；如所占容积大于等于20m^3时，应保证人均新风量大于等于20m^3/h。采用空气调节的车间，应保证人均新风量大于等于30m^3/h。洁净室的人均新风量应大于等于40m^3/h。封闭式车间人均新风量宜设计为30～50m^3/h。

（二）作业场所职业卫生的其他要求

1. 作业场所职业危害因素的防护措施

（1）防噪声、防振动、防高温

① 防噪声。选用低噪声设备，减少冲击性和高压气体排放工艺；采用隔离、远距离控

制等措施，尽量将噪声源与操作人防噪声隔开，有生产性噪声的车间应尽可能远离非噪声作业车间、行政区与生活区；采用隔声、消声、吸声等技术，降低工作场所噪声；为劳动者提供性能良好的个体防护用品，保护劳动者的健康。

② 防振动。从工艺和技术上消除或减少振源；对厂房的设计和设备的布局采取安装减振支架、减振垫层，挖隔振沟等减振措施；采取个体防护措施，减小振动对劳动者的危害程度，保护劳动者的健康。

③ 防高温。合理组织自然通风气流，设置全面、局部送风装置或空调降低工作环境的温度；采取有效的隔热措施，如水幕、隔热屏等；合理布局，高温车间设置工间休息室或观察室；限制持续接触热时间；使用个体防护用品，减小高温对劳动的危害程度，保护劳动者的健康。

（2）防尘　生产过程中，选用不产生或少产生粉尘的生产工艺，采用无危害或危害性较小的原辅材料，结合工艺特点和排尘要求，充分利用自然通风，或辅以全面或局部机械排风，通过除尘设备，提高作业环境质量，保证作业场所空气质量和排入大气的粉尘浓度符合有关标准的规定。同时，为从业人员正确合理合规配用个体防护用品，全面减小生产性粉尘对劳动者的危害程度。

（3）防毒　生产中，尽可能以无毒、低毒的工艺和原辅材料代替有毒、高毒的工艺和原辅材料，并且通过密闭化、管道化，尽可能负压操作防止有毒物质泄漏、外溢；采用机械化、自动化、程序化、隔离等有效操作手段，使操作人员不接触或少接触有毒物质，减少误操作造成的职业中毒事故。

当自然通风不能满足排毒要求时，采用全面通风、局部排风、局部送风等机械通风排毒措施，加以后续的净化装置，使工作场所或排入大气中的有毒物质浓度控制在有关标准允许的范围内。同时，为从业人员正确合理合规配用个体防护用品，全力减小有毒物质对劳动者的危害程度，保护劳动者的健康。

2. 工作场所有害因素职业接触限值

工作场所有害因素职业接触限值是职业性有害因素的接触限制量值，指劳动者在职业活动过程中长期反复接触，对绝大多数接触者的健康不引起有害作用的允许接触水平。

工作场所有害因素职业接触限值分为化学有害因素职业接触限值和物理因素职业接触限值两个部分。

《工作场所有害因素职业接触限值 第1部分：化学有害因素》（GBZ 2.1—2019）规定了工作场所空气中化学物质允许浓度、粉尘允许浓度、生物因素允许浓度。《工作场所有害因素职业接触限值 第2部分：物理因素》（GBZ 2.2—2019）规定了超高频辐射、高频电磁场、工频电场、激光辐射、微波辐射、紫外辐射、高温作业、噪声、手传振动职业接触限值，煤矿井下采掘工作场所气象条件、体力劳动强度分级、体力工作时心率和能量消耗的生理限值卫生要求。GBZ 2.1—2019适用于工业企业卫生设计及工作场所化学有害因素职业接触的管理、控制和职业卫生监督检查等。GBZ 2.2—2007适用于工作场所卫生状况、劳动条件、劳动者接触物理因素的程度、生产装置泄漏、防护措施效果的监测、评价、管理，职业卫生监督检查等，不适用于非职业性接触。

三、安全通道设置及管线布置

（1）安全通道设置　通道包括厂区主干道和车间安全通道。厂区主干道是指汽车通行的道路，是保证厂内车辆行驶、人员流动以及消防灭火、救灾的主要通道；车间安全通道是指为了保证职工通行和安全运送材料、工件而设置的通道。厂区主干道和车间安全通道的一些基本要求见表2-2。

表2-2　厂区主干道和车间安全通道的基本要求

通道名称	通道设置基本要求
厂区主干道	①通道路面应平整、无台阶、无坑、无沟，井盖、下水道盖等必须保持完好。 ②生产经营单位区域内道路、厂门、弯道、坡道、单行道、交叉路、危险品库以及禁止停放各种车辆地段，必须设有交通信号或明显标志。两侧路灯必须保持完好，且有足够照明。 ③利用通道一边停放车辆的，应有画线（白色）标志，但不得超过通道中心线。 ④道路土建施工应有警示牌或护栏，夜间要有红灯警示。 ⑤道路两侧堆放的物资，要离道边1～2m，堆放要牢固，跨越道路拉设的绳架高不得低于5m。 ⑥车辆双向行驶的干道，宽度≥5m；有单向行驶标志的主干道，宽度不小于3m。进入厂区门口，危险地段责设置限速牌、指示牌和警示牌
车间安全通道	①安全通道标记应醒目、清晰，通道平坦，无台阶、坑、沟或斜坡，双线平行、笔直。 ②安全通道必须畅通，各类材料、设备、工位器具不能占道摆放。 ③安全通道应有醒目标志，“安全出口”等安全标志牌应有夜光效果，高度不得超过1m。 ④通行汽车的宽度＞3m；通行电瓶车的宽度＞1.8m；通行手推车、三轮车的宽度＞1.5m。一般人行通道的宽度＞1m

总体而言，安全通道的布置，应满足生产要求，保证物流通畅，线路短捷，人流、货流组织合理；同时有利于提高运输效率，改善劳动条件，运行安全可靠，并使厂区内部、外部的运输、装卸、储存形成一个完整的、连续的运输系统；运输繁忙的线路，应避免平面交叉；符合国家相关法律、法规、规范、标准的规定。

（2）管线布置　管线综合布置应与生产经营单位总平面布置、竖向设计和绿化布置统一进行。应使管线之间、管线与建筑物和构筑物之间在平面及竖向上相互协调、紧凑合理；符合国家相关法律、法规、规范、标准的规定。

任务二　学习安全生产管理制度的规定

一、安全生产责任制

所谓安全生产责任制，就是生产经营单位根据安全生产法律法规和相关标准要求，在生产经营活动中，根据企业岗位的性质、特点和具体工作内容，明确各级负责人、各职能部门及其工作人员、各类岗位从业人员在各自的职责范围内对安全生产工作应履行的职能和应承担的责任。安全生产责任制是企业一项最基本的安全生产制度，是落实各项安全生产制度，做好职业健康安全工作的重要环节。

（一）建立安全生产责任制的原则要求

《中华人民共和国安全生产法》把建立和健全安全生产责任制作为生产经营单位安全管

理必须实行的一项基本制度，在建立健全安全生产责任制过程中应遵循以下原则要求。

① 必须符合国家安全生产法律法规和政策、方针的要求。

② 与生产经营单位管理体制协调一致。

③ 要根据本单位、部门、班组、岗位的实际情况制定，既明确、具体，又具有可操作性，防止形式主义。

④ 明确专门的机构及人员负责制定和落实，并依法适时修订。

⑤ 建立配套的监督检查制度，以保证安全生产责任制得到真正落实。

⑥ 全员安全生产责任制应长期公示，以利于责任制的执行与监督。

（二）生产经营单位各级领导的安全生产责任

《中华人民共和国安全生产法》要求生产经营单位的主要负责人负责建立、健全本单位安全生产责任制。厂、车间、班、工段、小组的各级一把手都负第一位责任。各级的副职根据各自分管业务工作范围承担相应的责任。

1. 主要负责人的安全生产职责

《中华人民共和国安全生产法》明确指出：生产经营单位的主要负责人对本单位的安全生产工作全面负责。生产经营单位的主要负责人对本单位安全生产工作负有以下职责。

① 建立健全并落实本单位全员安全生产责任制，加强安全生产标准化建设。

② 组织制定并实施本单位安全生产规章制度和操作规程。

③ 组织制定并实施本单位安全生产教育和培训计划。

④ 保证本单位安全生产投入的有效实施。

⑤ 组织建立并落实安全风险分级管控和隐患排查治理双重预防工作机制，督促、检查本单位的安全生产工作，及时消除生产安全事故隐患。

⑥ 组织制定并实施本单位的生产安全事故应急救援预案。

⑦ 及时、如实报告生产安全事故。

⑧ 建立安全生产委员会，主持安委会工作，听取安全工作汇报，研究解决安全生产方面的重大问题。

⑨ 依法依规设置安全生产管理机构或配备安全生产管理人员。

⑩ 推进本单位安全生产标准化建设、安全文化建设。

⑪ 组织开展职业病防治工作，保障从业人员的职业健康。

2. 总工程师（包括副职）的安全生产职责

① 总工程师在厂长（总经理）领导下，对本单位安全技术工作负全面责任。副总工程师在总工程师的领导下，对其分管工作范围内的安全生产技术工作负责。

② 贯彻上级有关安全生产方针、政策、法令和规章制度，负责组织或参与制定、修订和审定本单位安全技术规程、安全技术措施计划等，并认真贯彻执行。

③ 负责解决本单位安全生产中的疑难问题和重大技术问题，推广和应用先进安全技术。督促技术部门对新产品、新材料的使用、储存、运输等环节提出安全技术要求；组织有关部门研究解决生产过程中出现的安全技术问题。在采用新技术、新工艺和设计、制造新的生产设备时，研究和采取安全防护措施，确保有符合要求的安全防护措施。

④ 负责审批重大生产工艺、检修措施等安全技术方案。

⑤ 负责新建、改建、扩建、引进项目安全技术和安全工作“三同时”的落实。严格把好设计审查和竣工验收关。

⑥ 定期布置和检查安全技术工作。协助厂长组织安全大检查，对检查中发现的重大隐患，负责制订整改计划，组织有关部门实施。

⑦ 参加重大事故调查，主持或参与技术鉴定。

3. 部、处（主任）及其副职

① 对管辖业务范围内的安全工作负全面责任。

② 严格执行国家有关安全生产的方针、政策、法令和本单位安全生产管理制度。

③ 严格贯彻执行新建、改建、扩建、引进工程项目的安全工作“三同时”原则。认真执行安全生产“五同时”，把本职范围内的安全工作纳入主要议事日程。

④ 负责本职业务范围内有关新技术、新工艺、新材料的推广运用，不断提高本职业务范围内安全生产的可靠性。

⑤ 负责组织本职业务范围内安全生产标准化建设工作。

⑥ 在总工程师领导下，负责业务范围内安全技术规程的制定、修订工作；检查安全规章制度的执行情况，保证工艺文件、技术资料和工具等符合安全要求。

⑦ 负责对本职业务范围内的生产经营场所建筑物、设备、工具和安全设施等进行安全检查，及时排除安全隐患。

4. 工段长（工序主任、车间主任）的安全生产职责

① 认真贯彻执行国家安全生产、职业病防治法律法规和标准，对本工段（工序、车间）作业人员的安全、健康负责。

② 严格执行安全生产事故隐患排查与治理制度，把事故预防工作贯穿到生产的每个具体环节中去，保证在安全的条件下进行生产。

③ 严格执行安全生产“五同时”制度。

④ 严格执行安全生产教育培训制度，做好各类人员的安全培训教育，推广安全生产经验，确保上岗人员培训合格，确保特种作业人员持证上岗作业。

⑤ 严格执行危险作业审批制度，事前进行预先危险性分析，并采取安全防范措施，落实现场安全监护。

⑥ 发生重伤、死亡事故后，保护现场，立即上报，积极组织抢救，参加事故调查，提出防范措施。

⑦ 监督检查作业人员正确使用个体防护用品、认真执行安全操作规程。对严格遵守安全规章制度、避免事故者，提出奖励意见；对违章蛮干造成事故的，提出惩罚意见。

5. 班组长的安全生产职责

① 全面负责本班（组）的安全生产工作。严格执行本单位安全生产规章制度和车间安全生产工作安排，针对班组岗位生产特点，对作业员工做好经常性的安全生产教育。

② 在安排班（组）工作时，严格执行安全生产“五同时”的原则。

③ 组织好岗位的安全检查，及时发现并消除隐患，一时消除不了的，应及时上报车间

(工序) 主任。

④ 做好本班(组)范围内生产装置、防护器材、安全装置以及个人劳动防护用品的维护检查工作，使其处于良好状况。

⑤ 教育本班(组)职工严格遵守安全操作规程和各项安全生产规章制度，制止违章作业行为。

⑥ 确保危险作业必须严格履行审批手续，采取安全防范措施，落实现场安全监护。

⑦ 主持本班(组)各类事故调查分析，并组织制定防范措施。

⑧ 认真执行交接班制度。遇有不安全问题，在未排除之前或责任未分清之前不交接。

⑨ 发生工伤事故，要保护现场，立即上报，详细记录，并组织全班组工人认真分析，吸取教训，提出防范措施。

(三) 各类人员的安全职责

1. 设备技术人员的安全职责

① 负责做好本职范围内的安全生产工作，确保各项技术工作的安全可靠性。

② 负责编制本专业的安全技术规程及管理制度。在编制开、停工或设备检修、技术改造方案时，要有可靠的安全卫生技术措施，并检查执行情况。

③ 在本专业范围内对员工进行安全操作技术与安全生产知识培训，组织技术练兵活动，定期考核。

④ 经常深入现场检查安全生产情况，发现事故隐患及时提出措施予以消除。制止违章作业，在紧急情况下对不听劝阻者，有权停止其工作，并立即请示领导处理。

⑤ 参加车间新建、扩建工程的设计审查、竣工验收；参加设备改造、工艺条件变动方案的审查，使之符合安全技术要求。

⑥ 参加有关事故调查、分析，查明原因，分清责任，提出预防措施，并及时向领导或主管部门报告。

⑦ 制定装置检修、停工、开工方案，做好开工前的交底工作。

2. 专职安全员安全职责

① 组织或参与拟订本单位安全生产规章制度、操作规程和安全生产事故应急预案。

② 组织或者参与本单位安全生产、职业病防治的教育和培训，如实记录安全生产和职业病防治的教育和培训情况。对班组安全员进行业务指导。

③ 督促落实本单位重大危险源、重大安全隐患的安全管理措施。

④ 组织或者参与本单位安全生产事故应急救援演练。

⑤ 检查本单位安全生产和职业病防治状况，开展生产作业场所的安全风险分级管控，及时排查生产安全事故隐患，提出改进安全生产管理的建议。

⑥ 配合主管部门实施特种(设备)作业人员的培训、考核、取证工作，特种(设备)作业人员持证上岗率达100%。

⑦ 配合主管部门实施特种设备的定期检验工作，定检率达到100%。

⑧ 组织制定劳动防护用品的发放标准，审核年度领用计划，监督检查劳保用品的正确佩戴和使用情况。

⑨ 做好危险作业的申报、审批工作，以及现场监护工作，督促安全措施的落实。

⑩ 对承包、承租单位安全生产资质、条件进行审核，督促检查承包、承租单位履行安全生产职责。

⑪ 制止和纠正违章指挥、强令冒险作业、违反操作规程和劳动纪律的行为。

⑫ 按照《工伤事故管理制度》如实报告工伤事故，参与工伤事故的调查与处理，提出预防措施和处理意见。做好事故的统计、分析和上报工作，督促落实本单位安全生产整改措施。

3. 班组安全员的职责

① 班组安全员一般由班（组）长或副班（组）长兼任，接受公司安全督导员的业务指导，做好本班（组）的安全工作。

② 组织开展本班（组）的各种安全活动，认真做好安全活动记录，提出改进安全工作的意见和建议。坚持班前安全讲话，班后安全总结。

③ 对新工人（包括实习、代培人员）进行岗位安全教育。负责岗位技术练兵和开展事故预知训练。

④ 检查督促本班组人员严格遵守安全生产规章制度和操作规程，及时制止违章作业，并及时报告。

⑤ 检查监督本班组人员正确使用和管理好劳动保护用品、各种防护器具及灭火器材。

⑥ 发生事故时，及时了解情况，维护好现场，救护伤员，并立即向领导报告。

4. 一线岗位员工安全职责

① 从业人员在作业过程中，应当严格遵守本单位安全生产规章制度和安全操作规程，遵守劳动纪律，服从管理，正确佩戴和使用劳动保护用品。

② 接受安全教育和培训，了解本岗位的危险源，掌握本岗位所需的安全生产知识，具备安全生产所需的技能，增强事故预防和应急处理能力。

③ 检查所使用的设备、设施、工具的安全状况，检查周边有无危险因素（如物体打击、倒塌、碰撞、挤压、坠落、爆炸、燃烧、绞伤、刺伤、触电等）。保持设备设施、安全防护装置的齐全和完好。

④ 保持生产现场清洁、整齐、道路畅通，成品、半成品、原材料摆放整齐，作业完毕及时清理现场。

⑤ 发现事故隐患或者其他不安全因素，及时消除（如可行），立即向现场安全生产管理人员或本单位负责人报告。

（四）各业务部门的职责

生产经营单位中的安全生产管理部门、生产计划部门、技术部门、设备动力部门、人力资源管理部门等有关专职机构，都应在各自工作业务范围内，对实现安全生产的要求负责。

1. 安全生产管理部门的安全生产职责

安全生产管理部门是生产经营单位领导在事故预防工作方面的助手，负责组织、推动、检查、督促和协调本单位安全生产工作的开展。其安全生产职责除专职安全员安全职责之外，还应该包括以下几个方面。

① 定期研究分析本单位伤亡事故、职业危害趋势和重大事故隐患，提出改进事故预防工作的意见。

② 组织或参与制订本单位安全生产目标管理计划和安全生产目标值；制订年、季、月事故预防工作计划，并负责贯彻实施。

③ 依法定期组织修订本单位安全生产管理制度，劳动保护用品、保健食品、防暑降温物资标准，并监督执行。督促有关部门贯彻安全技术规程和安全生产管理制度，检查各级各类人员对安全技术规程和安全管理制度的熟悉情况。

④ 参与审查和汇总安全技术措施计划，监督检查安全技术措施费用使用和安全技术措施项目完成情况。

⑤ 参加审查新建、改建、扩建工程的设计、试运行和工程的验收工作。负责新建、改建、扩建、大修工程和新产品项目的安全和“三同时”安全预评价、试运行过程中安全技术措施等工作的落实以及安全验收评价。

⑥ 组织或参与开展科学研究和安全生产竞赛，总结、推广安全生产科研成果和先进经验，树立安全生产典型。

⑦ 组织三级安全教育和职工安全教育工作，负责厂级（公司）安全教育。

⑧ 负责组织本单位事故应急救援预案的修订。

⑨ 负责本单位安全生产事故的归口管理（统计、报告、建档）工作，按照《工伤事故管理制度》如实报告工伤事故，主持或参与工伤事故的调查与处理，提出管理措施。做好事故的统计、分析和上报工作。负责职工工伤鉴定及申报等管理工作。

⑩ 负责本单位职业卫生（改善劳动条件、防尘、防毒、降噪声、防辐射、职业中毒防治、有毒有害岗位职业健康监护等）管理工作；督促有关部门做好女职工和未成年工的劳动保护工作；对防护用品的质量和使用进行监督检查。

⑪ 在业务上接受上级主管部门领导及业务指导，如实向上级主管部门反映安全生产职业病危害情况。

2. 生产计划部门的安全生产职责

① 组织生产调度人员学习安全生产法律法规和安全生产管理制度。在召开生产调度会议及组织经济活动分析等工作中，应同时研究安全生产问题。

② 编制生产计划的同时，编制安全技术措施计划。在实施、检查生产计划时，应同时实施、检查安全技术措施计划完成情况。

③ 安排生产任务时，要考虑生产设备的承受能力，有节奏地均衡生产，控制加班加点。

④ 做好单位领导交办的有关安全生产工作。

3. 技术部门的安全生产职责

① 负责安全技术措施的设计。

② 在推广新技术、新材料、新工艺时，考虑可能出现的不安全因素等问题；在组织试验过程中，制定相应的安全操作规程；在正式投入生产前，做出安全技术鉴定。

③ 在产品设计、工艺布置、工艺规程、工艺装备设计时，严格执行有关的安全标准和规程，充分考虑到操作人员的安全和健康。

④ 负责编制、审查安全技术规程、作业规程和操作规程，并监督检查实施情况。

⑤ 承担安全科研任务，提供安全技术信息、资料，审查和采纳安全生产技术方面的合理化建议。

⑥ 协同有关部门加强对职工的技术教育与考核，推广安全技术方面的先进经验。

⑦ 参加重大伤亡事故的调查分析，从技术方面找出事故原因和防范措施。

4. 设备动力部门的安全生产职责

设备动力部门是生产经营单位领导在设备安全运行工作方面的参谋和助手，对全部生产经营单位设备安全运行负有具体指导、检查责任。

① 负责本生产经营单位各种机械、压力容器、锅炉、电气和动力等设备的管理，加强设备检查和定期保养，使之保持良好状态。

② 制定有关设备维修、保养的安全管理制度及安全操作规程并负责贯彻实施。

③ 执行上级部门有关自制、改造设备的规定，对自制和改造设备的安全性能负责。

④ 确保机器设备的安全防护装置齐全、灵敏、有效。凡安装、改装、修理、搬迁机器设备时，安全防护装置必须完整有效，方可移交运行。

⑤ 负责安全技术措施项目所需的设备的制造和安装。列入固定资产的设备，应按规定对设备进行管理。

⑥ 参与重大伤亡事故的调查、分析，做出因设备缺陷或故障而造成事故的鉴定意见。

5. 人力资源管理部门的安全生产职责

① 把安全技术作为对职工考核的内容之一，列入职工上岗、转正、定级、评奖、晋升的考核条件。在工资和奖金分配方案中，包含安全生产方面的要求。

② 做好特种作业人员的选拔及人员调动工作。

③ 参与重大伤亡事故调查，参加因工丧失劳动能力的人员的医务鉴定工作。

④ 关心职工身心健康，注意劳逸结合，严格审批加班加点的行为。

⑤ 组织新录用员工进行体检；及时将新录用员工以及变换工种、复工人员信息通知安全生产管理部门，进行相应的安全教育。

二、安全检查制度

1. 安全检查制度的必要性

安全检查是生产经营单位贯彻落实“安全第一、预防为主、综合治理”方针的有效途径。生产经营单位可以通过安全检查，识别存在及潜在的危险，确定危险的根本原因，对危险源实施监控，采取有效措施，消除事故隐患，预防和控制事故，确保自身、企业实现安全、健康、稳定发展。因此，安全检查是搞好企业安全管理、促进安全生产的一种非常重要和有效的手段，生产经营单位必须建立健全安全检查制度，确保安全检查能适时有效地进行。

2. 安全检查的内容

企业生产经营过程中，与安全有关的所有工作都是安全检查的对象，主要内容包括：有关安全生产法律、法规和上级有关安全生产规定的执行情况；各种职业安全措施的执行情况；安全规章制度的执行情况；工作场所的安全情况；劳动保护用品的使用情况；事故管理等。

具体安全检查工作的开展，可从以下五个方面进行。

（1）查现场、查隐患　安全检查以查现场、查隐患为主。深入生产作业现场，检查劳动条件、生产设备、安全卫生条件是否符合要求，从业人员是否存在不安全行为等情况。

（2）查思想、查意识　主要是检查各级生产管理人员对安全生产的认识，对安全生产的方针政策、法规和各项规定的理解与贯彻情况，全体职工是否牢固树立了“安全第一、预防为主、综合治理”的思想。

（3）查管理、查制度　安全检查是对生产经营单位安全管理的大检查，主要检查安全管理的各项具体工作的执行情况。如：安全管理机构设置及安全人员配备情况、安全生产管理制度完善及执行情况、安全教育培训情况、应急预案及演练情况、建设项目安全“三同时”管理情况等。

（4）查整改　对被检查单位上一次查出的问题，按其当时登记的项目、整改措施和期限进行复查。检查内容包括：隐患整改措施，明确责任人员、责任部门；重大隐患的整改措施是否有计划、有控制、有记录；重大隐患整改计划资金是否到位并限期整改。检查是否进行了及时整改和整改的效果。如果没有整改或整改不力的，要重新提出要求，限期整改。对重大事故隐患，应根据不同情况进行查封或拆除。

（5）查事故管理　查事故管理主要是检查生产经营单位对工伤事故是否及时报告、认真调查、严肃处理；是否根据找出的原因，采取了有效措施，以防止类似事故重复发生。

3. 安全检查的方式

安全检查的方式可从不同的角度进行多种分类。按检查的性质，可分为一般性检查、专业性检查；按检查时间，可分为季节性检查和节假日前后的检查等。

（1）一般性检查　又称普遍检查，是一种经常性的、普遍性的检查，目的是对安全管理、安全技术、工业卫生的情况作一般性的了解。这种检查包括生产经营单位主管部门和生产经营单位或其基层单位适时组织的安全检查、专职安全人员进行的日常性检查，此外，还包括作业人员的自检和互检及交接班安全检查。在一般性检查中，检查项目依不同生产经营单位而异，但以下三个方面均需列入：各类设备有无潜在的事故危险；对上述危险采取了什么具体措施；对出现的紧急情况，有无可靠的立即消除措施。

（2）专业性检查　专业性安全检查，是针对特殊作业、特殊设备、特殊场所进行的检查，这类设备和场所事故危险性大，一旦发生事故，造成的后果极为严重。

专业性检查一般以定期检查为主。通常由专业科室组织有关部门和人员，按安全技术规定的内容进行检查，每年不得少于一次。除此之外，上级有关部门也指定专业安全技术人员进行定期检查，国家对这类检查的检查内容和周期也有专门的规定。

必须详细登记专业性安全生产检查的每一个项目，每次检查都必须对前次检查登记的问题做出准确的鉴定。

专业性检查有以下特点。

① 专业性检查集中检查某一专业方面的装置、系统及与之有关的问题，专业性强，目标集中，检查可以进行得深入细致。

② 检查内容以生产、安全的技术规程和标准为依据，技术性强。

③ 以现场实际检查为主，检查方式灵活，牵扯人力少。

④ 不影响工作程序。

（3）季节性检查　季节性检查是根据季节特点，为保障安全生产的特殊要求所进行的检查。季节性安全生产检查应组织成群众性的安全大检查，组织和实施单位结合岗位责任制，根据不同的检查内容有计划地进行检查。

（4）节假日前后的检查　由于节日前职工容易考虑过节等因素而造成精力分散，因而应进行安全生产、防火保卫、文明生产等综合检查；节日后则要进行遵章守纪和安全生产的检查，以避免因放假后职工精力涣散、纪律松懈而导致安全事故。

此外，安全检查也可分为定期检查、连续检查、突击检查、特种检查等。

三、安全教育制度

1. 安全教育制度的必要性

安全教育的对象一般指的是生产经营单位的管理人员和生产岗位的职工。开展安全教育可以提高企业全员安全意识、综合安全素质，使其掌握各种安全知识，避免职业危害的发生，具备辨识危险因素的知识，掌握预防、控制、纠正危险的技能。在面对新环境、新条件时，仍有一定的保证安全的能力和手段，更能从根本上达到消除和控制事故的目的。因此，安全教育不仅是国家法律法规的要求，也是生产经营单位安全管理的需要。生产经营单位只有建立健全安全教育制度，才能确保安全教育的有效实施。

2. 安全教育的内容

安全教育的内容可概括为以下三个方面。

（1）安全思想教育　包括安全意识教育、安全生产方针政策教育和法纪教育。

① 安全意识教育主要是通过学校教育、媒体宣传、政策导向、实践活动等形式加强对安全问题的认识并逐步深化，提高人的安全意识和素质，使人们学会从安全的角度观察和理解要从事的活动和面临的形势，用安全的观点解释和处理自己遇到的新问题，使人们更加关注安全并积极配合、主动参与安全工作，共同营造一个安全、和谐的环境。

② 安全生产方针政策教育是指对生产经营单位的各级领导和广大职工进行党和政府有关安全生产的方针、政策的宣传教育。

③ 法纪教育主要内容包括安全法律法规、安全规章制度、劳动纪律等。

（2）安全知识教育　包括安全管理知识教育和安全技术知识教育。

通过安全知识教育，使从业人员了解生产操作过程中潜在的危险因素及防范措施等，即解决“知”的问题。

① 安全管理知识教育的内容包括安全管理组织结构、管理体制、基本安全管理方法及安全心理学、安全人机工程学、系统安全工程等方面的知识。

② 安全技术知识教育的内容主要包括一般生产技术知识、一般安全技术知识和专业安全技术知识。

（3）安全技能教育　包括正常作业的安全技能教育和异常情况的处理技能教育，内容包括具体安全操作技能、防护技能、避险技能、救护技能及应急技能等。

通过安全技能教育培训，从业人员掌握和提高知识技能操作的熟练程度，即解决“会做”的问题。

3. 安全教育的形式

企业为达到最佳的安全教育效果，应采用灵活多样的教育形式和手段。目前，安全教育形式大体可总结为如下几种。

（1）声像式　它是用声像现代艺术手段，使安全教育寓教于乐，主要有安全宣传广播、电影、电视、录像及网络在线教育等。

（2）广告式　包括安全广告、标语、宣传画、标志、展览、黑板报等形式，以精练的语言、生动的方式，在醒目的地方展示，提醒人们注意安全和怎样才能安全。

（3）会议讨论式　包括事故现场分析会、班前班后会、专题研讨会等，以集体讨论的形式，使与会者在参与过程中进行自我教育。

（4）演讲式　包括教学、讲座、经验介绍、现身说法、演讲比赛等。可以是系统教学，也可以是专题论证、讨论。丰富人们的安全知识，提高对安全生产的重视程度。

（5）文艺演出式　它是以安全为题材编写的相声、小品、话剧等文艺演出的教育形式。

（6）竞赛式　包括抢答赛、书面知识竞赛、操作技能竞赛及其他安全教育活动评比，激发人们学安全、懂安全、会安全的积极性，促进职工在竞赛活动中树立安全第一的思想，丰富安全知识，掌握安全技能。

四、生产事故隐患排查治理制度

生产经营单位安全隐患排查与治理是落实安全生产方针的最基本任务和最有效途径。

《中华人民共和国安全生产法》第四十一条明确规定：生产经营单位应当建立健全安全事故隐患排查治理制度，采取技术、管理措施，及时发现并消除事故隐患。事故隐患排查治理情况应当如实记录，并向从业人员通报。县级以上地方各级人民政府，有安全生产监督管理职责的部门应当建立健全重大事故隐患治理督办制度，督促生产经营单位消除重大事故隐患。此外，《安全生产事故隐患排查治理暂行规定》《安全生产事故隐患排查治理体系建设实施指南》等法规也对生产安全事故隐患排查治理的要求做了进一步说明。

（一）生产经营单位事故隐患排查治理工作职责

生产经营单位是事故隐患排查、治理、报告和防控的责任主体，具体职责应包括以下内容：

① 建立事故隐患报告和举报奖励制度，鼓励、发动职工发现和排除事故隐患，鼓励社会公众举报。

② 统一协调和监督管理承包、承租单位的事故隐患排查治理工作。

③ 积极配合安全监管监察部门和有关部门的监督检查人员依法履行事故隐患监督检查工作。

④ 应当定期组织安全生产管理人员、工程技术人员和其他相关人员排查本单位的事故隐患。

⑤ 对排查出的事故隐患，应当按照事故隐患的等级进行登记，建立事故隐患信息档案，各部门和单位应定期对安全检查和隐患治理情况进行统计分析，并向厂安全生产管理部门报

告。厂安全生产管理部门按规定上报企业隐患排查和整改信息。

⑥ 对排查出的隐患按职责分工实施监控治理，在安全生产隐患治理过程中，要采取相应的安全防范措施，防止事故发生。

⑦ 对各项隐患排查治理工作进行监督、检查、通报、考核和奖励。

因此，隐患排查治理是一项综合性很强的工作，涉及所有部门、所有生产流程、所有人员。涵盖了安全生产责任制、安全监管信息化建设、企业安全生产标准化建设、非法违法和违规违章治理、群众参与和监督、安全培训教育等方面的工作。所以，与隐患排查治理工作相关的内容应体现在安全生产责任制中。

（二）事故隐患排查

事故隐患排查的主要任务是进行危险源识别，排查事故隐患，对所查出的隐患进行分级和原因分析，提出整改措施，确定整改时限，落实整改责任，并对整改情况进行验证。

生产经营单位应当定期组织安全生产管理人员、工程技术人员和其他相关人员排查本单位的事故隐患。对排查出的事故隐患，应当按照事故隐患的等级进行登记，建立事故隐患信息档案。

实施隐患排查要从人、机、环、管等方面着手，涉及内容非常多，需要有计划、按部就班地开展。

1. 隐患排查的方式和频次

事故隐患排查可以采用日常巡查和专项安全检查相结合的方式进行。生产经营单位应根据生产过程的特点及隐患排查的方式规定隐患排查频次，内外部环境发生重大变化、气候条件发生大的变化或预报可能发生重大自然灾害时，应及时组织进行隐患排查。

(1) 日常排查　与安全生产检查工作相结合，具有日常性、及时性、全面性和群众性的特点。主要有企业全面的安全大检查、季节性安全检查、节假日安全检查、各管理层级的日常安全检查、岗位员工的现场安全检查、事故类比隐患排查、主管部门的专业安全检查、专业管理部门的专项安全检查等。

(2) 专项排查　采用特定的、专门的排查方法，具有周期性、技术性和投入性的特点。主要有按隐患排查治理标准进行的全面自查、对重大危险源的定期评价、对危险化学品的定期现状安全评价等。

2. 隐患排查准备

实施隐患排查前要制订排查计划和方案，明确排查目的、范围，选择合理的排查方法。

排查工作涉及面广，需要制订一个比较详细可行的实施计划，确定参加人员、排查内容、排查时间、排查任务安排，编制《安全检查表》。《安全检查表》应包括检查项目、检查内容、检查标准或依据、检查结果等内容。安全检查时应按照《安全检查表》的内容逐项进行检查。为提高效率也可以与日常安全检查、安全生产标准化的自评工作或管理体系中的合规性评价和内审工作相结合。

3. 排查的实施

分为定期和不定期两种排查方法。按生产经营单位内部管理职能的设置，不同岗位、不同级别的部门和单位有不同的隐患排查周期，通常可以根据单位实际情况对岗位、班组级、车间级和厂级等管理层级分别规定从时、日、周、月到季度的定期周期。不定期对各类专业进行安全检查、上级检查及特殊情况排查。

进行企业全面的安全大检查、季节性安全检查、节假日安全检查及专项排查时，应组织隐患排查组，根据排查计划到各部门和各所属单位进行全面的排查。先由受检部门负责人简单介绍本部门安全生产现状及隐患排查治理情况；检查人员到生产现场进行检查，关注危险因素、环境因素的实际控制效果及相关记录；检查人员到被检查部门进行检查，重点检查文件和资料是否齐全、完整、真实、有效，并提出有关问题；检查人员与受检部门进行沟通，对存疑的地方要询问清楚，使双方理解一致。排查时必须及时、准确和全面地记录排查情况和发现的问题，并随时与受检部门的人员做好沟通。

4. 排查结果的分析总结

① 评价本次隐患排查是否覆盖了计划中的范围和相关隐患类别。

② 评价本次隐患排查是否做到了“全面、抽样”的原则，是否做到了重点部门、高风险和重大危险源适当突出的原则。

③ 确定本次隐患排查发现：包括确定隐患清单、隐患级别以及分析隐患的分布（包括隐患所在单位和地点的分布、种类）等。

④ 做出本次隐患排查工作的结论，填写隐患排查治理相关的表格。

⑤ 汇总、汇报隐患排查治理情况。汇报隐患排查中发现的隐患和问题，并以简报形式通知被检单位；对严重威胁安全生产的隐患项目，应立即下达《隐患整改通知单》，限时进行整改；重大隐患应填写《重大事隐整改台账》，并及时上报。

（三）事故隐患治理

事故隐患治理是指消除或控制事故隐患的活动或过程。对排查出的事故隐患，及时下达隐患治理通知，限期治理。事故隐患治理应做到“四定”，即定治理措施、定负责人、定资金来源、定治理期限。

1. 一般事故隐患治理

（1）现场立即整改　有些隐患整改很简单，如明显的违反操作规程和劳动纪律的人的不安全行为或安全装置没有启用、现场混乱等物的不安全状态等，排查人员一旦发现，应当要求立即整改，并如实记录，以备对此类行为或状态进行统计分析，确定是否为习惯性、群体性或普遍性隐患，为防止此类事故再发生提出可靠的管理或技术措施。

（2）限期整改　有些难以立即整改的一般隐患，则应限期整改。限期整改通常由排查人员或排查主管部门对隐患所属单位发出“隐患整改通知”，其中需要明确列出排查出隐患的时间和地点、隐患现状的详细描述、隐患发生原因的分析、隐患整改责任的认定、隐患整改负责人、隐患整改的方法和要求、隐患整改完毕的时间要求等。

限期整改需要全过程监督管理。在实施隐患整改期间进行监督管理，以及时发现和解决整改中可能出现的问题，直至整改到位。

2. 重大事故隐患治理

针对重大事故隐患，由生产经营单位主要负责人组织制定并实施事故隐患治理方案。重大事故隐患治理方案应当包括以下内容：治理的目标和任务；采取的方法和措施；经费和物资的落实；负责治理的机构和人员；治理的时限和要求；安全措施和应急预案。在制定重大事故隐患治理方案时，还必须考虑安全监管监察部门或其他有关部门所下达的“整改指令”和政府挂牌督办的有关内容的指示，也要将这些指示的要求体现在治理方案里。对重大事故隐患排除前或者排除过程中无法保证安全的，本单位负责人应当从危险区域内撤出作业人员，并疏散可能危及的其他人员，设置警戒标志，暂时停产停业或者停止使用；对暂时难以停产或者停止使用的相关生产储存装置、设施、设备，应当加强维护和保养，采取可靠的安全防范措施，编制应急预案，防止事故发生、减少事故损失。

（四）事故隐患排查治理闭环管理

“闭环管理”是现代安全生产管理中的基本要求，对任何一个过程的管理最终都要通过“闭环”才能结束。

隐患排查治理工作的“闭环”管理，是要求治理措施完成后，生产经营单位主管部门和人员对其结果进行验证和效果评估。检查措施的实现情况，是否按方案和计划的要求一一落实；完成的措施是否起到了隐患治理和整改的作用，是彻底解决了问题还是部分的、达到某种可接受程度的解决，隐患的治理措施是否会带来或产生新的风险也需要特别关注。

挂牌督办并责令全部或者局部停产停业治理的重大事故隐患，治理完成后应对重大事故隐患的治理情况进行评估，经治理符合安全生产条件的，生产经营单位应当向安全监管监察部门和有关部门提出恢复生产的书面申请，经安全监管监察部门和有关部门审查同意后，方可恢复生产经营。

（五）事故隐患排查治理情况报告和档案

1. 事故隐患排查治理报告

① 实施事故隐患排查后，实施者应认真填写检查记录表，并按相关程序逐级进行报告，各级领导和相关职能部门接到事故隐患报告后，应立即进行处理。

② 对综合检查、专业检查、季节性检查发现的隐患和问题，各相关职能部门以简报或其他形式通知被检单位；对严重威胁安全生产的隐患项目，应立即下达《隐患整改通知单》，限期进行整改。

③ 厂级、车间、班组均应建立隐患排查、整改台账，对事故隐患进行有效监控，落实整改责任人。台账内容包括隐患名称、检查日期、原因分析、整改措施、计划完成日期、实际完成日期、整改负责人、整改确认人、确认日期、隐患分级、整改效果评估、备注等项目内容。

④ 生产经营单位各部门和基层单位应定期对隐患排查和隐患治理情况进行统计分析，并向厂安全生产管理部门报告。

⑤ 厂安全生产管理部门根据上级部门要求，对本单位事故隐患排查治理情况进行统计

分析，并向属地应急管理部门报送《安全生产隐患排查治理情况统计表》。

2. 事故隐患排查治理档案

生产经营单位应建立事故隐患排查治理档案。档案文件包括：

① 隐患排查治理相关制度，如《事故隐患排查治理制度》《隐患排查治理资金使用专项制度》《事故隐患建档监控制度》《事故隐患报告和举报奖励制度》等。

② 隐患排查治理相关表格，如《隐患整改通知单》《隐患整改台账》《安全检查表》《安全生产隐患排查治理情况统计表》等。

③ 其他文件和资料，如隐患排查计划、隐患排查治理标准、隐患排查清单、事故隐患治理方案、事故隐患评估报告、安全检查报告等。

通过全面开展隐患排查治理工作，将人员状况、设备安全、劳动作业环境、安全生产管理等各方面存在的影响人身和生产安全的问题充分暴露出来，并不断改进提高生产安全性，最终实现“人员无伤害、系统无缺陷、管理无漏洞、设备无障碍、风险可控制、人机环境和谐统一”。

五、生产事故调查与处理制度

只有通过对生产安全事故的深入调查，才能准确地分析事故的原因和规律，从而有效地采取技术措施和管理措施，降低事故发生的概率或控制事故导致的后果。

为了规范生产安全事故的报告和调查处理，落实生产安全事故责任追究制度，防止和减少生产安全事故，根据《中华人民共和国安全生产法》和有关法律的规定，2007 年国务院颁布了《生产安全事故报告和调查处理条例》，对生产经营活动中发生的造成人身伤亡或者直接经济损失的生产安全事故的报告和调查处理作出了明确规定。安全生产监督监察部门和生产经营单位都应据此建立健全并严格执行生产安全事故调查与处理制度，确保生产安全事故调查与处理能公开、公正、实事求是、有条不紊地进行。

（一）事故调查与处理的内涵

事故调查与事故处理，是两项相对独立而又密切联系的工作。事故调查的任务主要是查明事故发生的原因和性质，分清事故的责任，提出防范类似事故的措施；事故处理的任务主要是根据事故调查的结论，对照国家有关法律法规，对事故责任人进行处理，落实防范类似事故重复发生的措施，贯彻“四不放过”原则的要求。

（二）事故调查与处理的原则

依据《中华人民共和国安全生产法》《国务院关于坚持科学发展安全发展促进安全生产形势持续稳定好转的意见》（国发〔2011〕40 号）和《生产安全事故报告和调查处理条例》，事故调查处理应遵守以下原则。

① 科学严谨、依法依规、实事求是、注重实效的原则。对事故的调查处理要揭示事故发生的内外原因，找出事故发生的机理，研究事故发生的规律，制定预防事故重复发生的措施，做出事故性质和事故责任的认定，依法对有关责任人进行处理。事故调查处理必须以事实为依据，以法律为准绳，严肃认真地对待，不得有丝毫的疏漏。

②“四不放过”的原则。即事故原因未查清不放过；责任人员未处理不放过；有关人员

未受到教育不放过；整改措施未落实不放过。这四个方面相互联系、相辅相成，成为一个预防事故再次发生的防范系统。

③ 公正、公开的原则。公正，就是以事实为依据，以法律为准绳，既不准包庇事故责任人，也不得借机对其打击报复，更不得冤枉无辜；公开，就是事故调查处理的结果要在一定范围内公开，以引起全社会对安全生产工作的重视，吸取事故的教训。

④ 分级分类调查处理的原则。事故的调查处理是依照事故的分类和级别来进行的，生产安全事故的调查和处理按《生产安全事故报告和调查处理条例》及其他有关的法律、法规的规定进行。

（三）生产安全事故的调查

1. 事故调查的目的和任务

事故调查的目的和任务是依据国家有关安全法规、方针、政策，运用数理统计学等科学，通过逻辑推理、模拟试验来科学地调查和分析事故，澄清事故的基本事实，找出事故发生的原因和规律，分清事故的责任，制定改进措施，预防和控制事故的再次发生。

事故调查的任务包括以下各项。

（1）弄清事故发生的经过　事故的发生，伴随着人身伤害和财产损失，且发生条件复杂，绝大多数是不能通过实验来重演的。因此调查人员必须通过事故现场留下的痕迹、空间环境的变化、事故见证人的叙述、受害人的自述，对有关事故原因和经过的内容进行整理，去伪存真，用简短文字精确地表达出来。

（2）找出事故原因　事故原因分析是事故调查工作的中心环节。事故的发生往往是多因素相互作用的结果，因此，事故调查的过程就是对造成事故的人为因素、管理因素、环境因素等进行综合分析，用科学的方法客观地提出与事故关联的各种因素，全面分析这些因素相互作用、相互联系的内在关系，揭示出事故发生的真正原因。

（3）吸取事故教训　通过对事故发生过程的调查和对事故原因的追查，会得到很多信息，这些信息会给人们以启迪，使人们接受很多教训，从而提高安全意识，学会预防同类事故所必需的知识、技术和技能。

（4）宏观研究事故规律，控制安全事故　按规定进行的事故调查资料逐级上报，构成各级安全监督监察部门的事故档案资料，利用这些资料进行科学研究和综合分析，可以发现事故发生的规律，为事故预防和政府决策提供依据。

（5）修正安全法规标准，强化安全监察　事故调查由多个管理部门和专业人员共同完成，通过事故调查，管理人员和专业技术人员深入了解了事故发生的原因，为建立健全各种法规、标准、安全措施、安全教育制度创造了条件。

（6）分清事故责任　通过事故调查，划清与事故事实有关的法律责任，运用法律的手段，对事故的责任者给予行政处分、经济处罚，构成犯罪的，由司法机关依法追究刑事责任。

（7）恢复、建立生产经营单位正常的生产秩序　安全事故，特别是伤亡事故往往使职工悲伤和恐惧，对生产经营单位的正常生产十分不利，通过事故调查，找出事故原因，并且有针对性地采取安全措施，使职工重新获得安全感。同时，通过对事故的处理，也会使职工感受到党和国家的温暖关怀。这些对稳定职工情绪，建立生产经营单位正常的安全生产秩序将起到促进作用。

2. 事故调查组

（1）调查组的组成　事故调查组的组成应当遵循精简、效能的原则。

根据事故的具体情况，事故调查组由有关人民政府、安全生产监督管理部门、负有安全生产监督管理职责的有关部门、监察机关、公安机关以及工会派人组成，并应当邀请人民检察院派人参加。事故调查组成员应当具有事故调查所需要的知识和专长，并与所调查的事故没有直接利害关系，事故调查组可以聘请有关专家参与调查。事故调查组组长由负责事故调查的人民政府指定，主持事故调查组的工作。

（2）调查组的职责

① 查明事故经过、人员伤亡和直接经济损失情况。

② 查明事故原因和性质。

③ 确定事故责任，提出对事故责任者的处理建议。

④ 提出防止事故发生的措施建议。

⑤ 提交事故调查报告。

3. 事故调查的程序

事故调查是一项政策性、法律性、技术性很强的工作，加之事故调查工作时间性极强，有些信息、证据会随时间的推移而逐步消亡，有些信息则有着极大的不可重复性，因此要求事故调查人员快速和准确地实施调查。

事故调查需要遵循科学的调查程序。事故调查程序包括：事故现场处理与勘查，物证搜集，事故事实资料的搜集，证人材料的搜集，事故现场摄影与现场事故图的绘制，事故原因分析，事故责任分析，撰写事故调查报告。事故调查的有关资料应当归档保存。

（四）生产安全事故的处理

事故发生单位及其主管部门按照人民政府的批复，落实事故处理。安全生产事故处理工作包括两个方面的内容。

1. 对事故责任者的处理

按照负责事故调查的人民政府的批复，有关机关依照法律、行政法规规定的权限和程序，对事故发生单位和有关人员进行行政处罚，对负有事故责任的国家工作人员进行处分；事故发生单位对本单位负有事故责任的人员进行处理；负有事故责任的人员涉嫌犯罪的，依法追究刑事责任。

2. 对防范措施的处理

事故发生单位应当认真吸取事故教训，根据负责事故调查的人民政府的批复，落实防范和整改措施的要求，防止事故再次发生。防范和整改措施的落实情况应当接受工会和职工的监督。安全生产监督管理部门和负有安全生产监督管理职责的有关部门应当对事故发生单位落实防范和整改措施的情况进行监督检查。

事故处理的情况由负责事故调查的人民政府或者其授权的有关部门、机构向社会公布

(依法应当保密的除外),以教育和警示他人。

习题

一、问答题

1. 安全生产基本条件主要包括哪些内容?
2. 作业场所职业卫生的基本要求有哪些?
3. 厂区主干道和车间安全通道的基本要求有哪些?
4. 生产经营单位安全生产投入的必要性有哪些?

二、思考题

1. 学习基本安全生产条件要求的意义是什么?
2. 如果你是企业负责人,如何完善企业的安全生产责任制?
3. 谈谈你对生产安全事故调查处理制度必要性的认识。
4. 如何落实安全检查制度?
5. 如何落实安全事故隐患排查与治理工作?
6. 如何落实安全教育制度?

项目三 重大危险源的安全管理

学习目标

知识目标

（1）学习了解什么是重大危险源，以及如何对不同类型的重大危险源进行分类和识别。

（2）掌握监测和控制重大危险源的技术和方法，包括采取预防措施、建立应急预案和使用适当的安全设备等。

（3）学习使用适当的方法和工具，对工作场所中的重大危险源进行识别和评估，评估方法包括定性和定量评估方法。

能力目标

（1）通过培训和实践，提高工作人员的安全意识，并培养应对突发事件和事故的应急处理能力。

（2）建立有效的安全管理体系和持续改进机制，通过监测和评估安全绩效，不断改进和优化重大危险源的管理和控制措施。

素质目标

（1）通过熟悉与重大危险源相关的法律法规和标准，学会依法并依规管理重大危险源。

（2）通过研究重大危险源可能对人员、环境和财产造成的影响和后果，提高安全意识。

（3）利用信息技术手段，建立重大危险源的信息化管理系统，实现对危险源的实时监控和数据分析，及时发现问题并采取措施解决，提高逻辑思维能力。

任务一　辨识重大危险源

危险源辨识的作用和意义是识别潜在的危险源和风险因素，以便采取相应的控制措施，确保生产过程的安全。它可以帮助企业更好地了解和认识存在的安全隐患和事故风险，从而有针对性地制定、实施和改进安全管理措施，预防事故的发生。

一、重大危险源的辨识

1. 重大危险源简介

重大危险源是指长期地或临时地生产、储存、使用和经营危险化学品，且危险化学品的数量等于或超过临界量的单元。这里的单元可以是生产单元或储存单元，它们分别根据切断阀和防火堤来判断分类。构成重大危险源的核心因素是危险物品的数量是否等于或者超过临界量，临界量是对某种或某类危险物品规定的数量，若单元中的危险物品数量等于或者超过该数量，则该单元应定为重大危险源。

重大危险源具有较大的危险性，一旦发生生产安全事故，将会对从业人员及相关人员的人身安全和财产安全造成较大的损害。因此，生产经营单位对重大危险源应当严格登记建档，采取有效的防护措施，并定期进行检查、检测、评估。对于重大危险源较多、情况严重的生产经营单位，还应当建立专门的安全监控系统，实施不间断的监控。由于不同的法律法规和标准可能对重大危险源的定义和分类有所不同，因此在实际应用中，需要参考具体的法律法规和标准进行判断和识别。

2. 重大危险源辨识的定义

重大危险源的辨识是指对可能导致重大事故的危险和有害因素进行识别、分析和评估的过程。这涉及识别那些因存储、使用、生产、处理或运输大量危险化学品而有潜在引发重大事故风险的场所或活动。重大危险源辨识的目的是通过对潜在事故风险的系统识别和评估，采取适当的预防和控制措施，降低事故发生的概率和减轻事故后果。

3. 重大危险源的分级

对重大危险源进行等级分类和管理，有助于针对不同等级的危险源采取不同的防控措施和管理策略。这可以更加有效地利用资源，提高安全管理效率，同时也能够更好地保障人民生命财产安全。此外，分级管理还有助于提高企业和公众的安全意识，促进安全文化的形成。

重大危险源通常根据其潜在造成的影响程度进行分级，这些级别可以根据不同的标准和评估方法而有所不同，但通常包括以下几个级别：

（1）一级重大危险源　具有极高的风险，一旦发生事故可能造成严重的人员伤亡、重大财产损失或严重环境污染。一级重大危险源是潜在风险极高的危险源，通常涉及大量或极高危险性的物质，如易燃易爆物质、剧毒物质、放射性物质等。这些物质一旦失控，可能导致灾难性后果，造成大量人员伤亡和财产损失。一级重大危险源往往具有极高的能量释放潜力，且其发生事故的概率也相对较高。因此，对于一级重大危险源的管理和防控，需要采取最严格的措施和标准。

（2）二级重大危险源　风险较高，可能造成较大的人员伤亡、财产损失或环境污染。二级重大危险源的风险性相较于一级重大危险源稍低，但仍具有较高的潜在风险。这些危险源可能涉及一定量的危险物质，或者在特定条件下具有引发事故的可能性。二级重大危险源的管理和防控需要采取相应的措施，确保危险源处于受控状态，防止事故的发生。

（3）三级重大危险源　风险较大，可能造成一定程度的人员伤亡、财产损失或环境污染。三级重大危险源的风险性相对较低，但仍需引起足够的重视。这些危险源可能涉及少量的危险物质，或者在正常生产活动中存在的安全风险。对于三级重大危险源，需要定期进行风险评估和监测，确保其处于安全状态，并采取相应的预防措施，防止风险扩大。

（4）四级重大危险源　风险相对较低，但仍然需要进行严格的管理和监控。四级重大危险源是风险性最低的一类危险源，但仍需进行基本的安全管理。这些危险源可能涉及一些低风险物质或情况，在正常操作条件下基本不会引发事故。然而，仍需保持警惕，避免意外情况的发生。

二、危险化学品重大危险源的辨识

1. 危险源类型分类

危险化学品重大危险源的辨识首要任务是对其进行分类。根据危险化学品的性质，我们可以将重大危险源分为易燃危险源、有毒危险源、腐蚀性危险源和易爆危险源四大类。这些类型的划分有助于我们更好地了解和辨识每一类危险源，为后续的辨识工作奠定基础。

2. 易燃危险源辨识

易燃危险源主要是指那些容易引发火灾或爆炸的危险化学品。在辨识易燃危险源时，我们需要关注物质的闪点、燃点、自燃温度等关键参数，并结合存储和使用条件进行综合判断。同时，还需要关注易燃物质与空气混合后可能形成的爆炸性混合物，以及其在特定条件下的燃烧特性。

3. 有毒危险源辨识

有毒危险源主要涉及那些对人体健康有害的化学物质。在辨识有毒危险源时，我们需要关注物质的毒性等级、毒性作用机理、接触途径以及可能引发的健康危害。此外，还需要了解有毒物质在环境中的迁移转化规律，以及其对生态环境的影响。

4. 腐蚀性危险源辨识

腐蚀性危险源是指那些具有强腐蚀性，能够对人体、设备或环境造成损害的危险化学品。在辨识腐蚀性危险源时，我们需要关注物质的腐蚀性等级、腐蚀作用机理以及可能引发的损害后果。同时，还需要了解腐蚀性物质在储存和使用过程中的安全要求，以防止其对人体和环境造成危害。

5. 易爆危险源辨识

易爆危险源是指那些在外界能量作用下，易于发生爆炸的危险化学品。在辨识易爆危险源时，我们需要关注物质的爆炸极限、最小点火能量等关键参数，并结合其储存和使用条件进行综合判断。此外，还需要关注易爆物质与其他物质的相互作用，以及其在特定条件下的爆炸特性。

三、重大危险源辨识的范围及方法

1. 辨识范围概述

危险化学品重大危险源辨识的范围涵盖了生产、储存、运输和使用危险化学品的过程中可能涉及的各类潜在危险源。这些危险源不仅包括化学品本身的危险性，还包括其在使用过程中可能引发的火灾、爆炸、中毒和腐蚀等事故风险。因此，辨识工作应全面考虑化学品的性质、数量、储存条件、操作方式以及潜在的事故后果等因素。

2. 重大危险源界定

重大危险源是在预防和控制危险化学品重大事故的相关研究中提出的概念。重大危险源是指不论长期或临时地加工、生产、处理、搬运、使用或储存数量超过临界量的一种或多种危险物质，或多类危险物质的设施（不包括核设施、军事设施以及设施现场之外的非管道的运输）；从另一个角度来说，重大危险源是指长期或临时地生产、搬运、使用或储存危险物品，且危险物品的数量等于或超过临界量的单元（包括场所和设施）。

危险化学品重大危险源是重大危险源的一个子集，是指长期地或临时地生产、储存、使用和经营危险化学品，且危险化学品的数量等于或超过临界量的单元。例如在石油化工企业中，储存大量危险化学品（如原油等）且达到临界量的储罐区等可界定为危险化学品重大危险源。如果某区域储存危险化学品的量未达到临界量，按照标准不能判定为危险化学品重大危险源，如一些小型使用危险化学品的场所，若其化学品储存量低于规定临界量则不属于危险化学品重大危险源范畴。

3. 辨识方法介绍

针对危险化学品重大危险源的辨识，我们可以采用多种方法，其中包括资料分析法、现场观察法、风险评估法等。资料分析法主要通过查阅相关资料和文献了解化学品的危险性质和安全要求；现场观察法则通过实地查看生产、储存和使用场所，发现潜在的安全隐患；风险评估法则通过对危险源进行定性或定量评估，确定其风险等级和可能造成的后果。这些方法各具特点，可以根据实际情况灵活选择和应用。

4. 临界量判定标准

临界量判定标准是确定危险化学品是否构成重大危险源的重要依据。不同的危险化学品具有不同的临界量标准。在辨识过程中，我们需要根据化学品的性质、数量以及可能的事故后果等因素，结合国家及行业相关的法规和标准，进行临界量的判定。当化学品的数量达到或超过临界量时，应将其视为重大危险源，并采取相应的防控措施进行管理和监控。

危险化学品重大危险源辨识是一项复杂而重要的工作。通过明确辨识范围、采用科学的辨识方法和判定标准，可以全面、准确地识别出潜在的危险源，为制定针对性的防控措施提供依据，从而保障生产安全和环境健康。

任务二　管理重大危险源

一、我国重大危险源管理法律法规要求

我国对于重大危险源管理的法律法规要求严格而全面，旨在确保重大危险源的安全管理和有效监控，保障人民群众的生命财产安全和社会稳定。

1. 辨识与分级标准

根据《中华人民共和国安全生产法》及相关法规，对于可能构成重大危险源的设施、设

备、场所等，必须按照规定的辨识与分级标准进行严格的识别和划分。辨识标准主要依据物质的危险性、数量、储存方式及可能的事故后果等因素，确保不遗漏任何潜在的危险源。分级标准则依据危险源的风险等级，进行不同的管理和监控。

2. 监测与监控要求

重大危险源必须建立有效的监测与监控体系，实时掌握其安全状况。监测内容包括但不限于温度、压力、浓度等关键参数，监控方式可采用自动化监测系统和人工巡检相结合的方式。同时，应定期对监测与监控设备进行检查和维护，确保其正常运行。

3. 登记建档与备案

所有识别出的重大危险源必须按照规定进行登记建档，并报送相关主管部门备案。登记建档的内容应详细记录危险源的基本情况、监测数据、安全评估结果等信息，以便后续管理和查询。备案制度有助于主管部门全面掌握辖区内重大危险源的分布和状况，加强监督管理。

4. 评估与核销流程

重大危险源应定期进行安全评估，评估结果作为管理和监控的依据。当危险源的风险等级降低或消除时，应按照规定的核销流程进行申请和审批。核销申请应提交相关的安全评估报告和证明材料，经主管部门审核同意后方可核销。

5. 安全责任与主体

重大危险源的安全管理实行责任制，明确企业作为安全管理的责任主体。企业应建立健全安全管理制度，配备专业的安全管理人员，确保危险源的安全管理得到有效落实。同时，政府部门也应承担起监督管理的职责，加强对企业的检查和指导。

6. 应急预案与措施

企业应针对重大危险源制定详细的应急预案和措施，明确应急组织、救援程序、资源保障等内容。预案应定期进行演练和修订，确保在突发事件发生时能够迅速、有效地进行应对。同时，企业还应加强与周边单位和社区居民的沟通协调，共同构建应急联动机制。

7. 监督管理机制

政府部门应建立健全重大危险源的监督管理机制，加大对企业的日常监管和执法力度。通过定期检查、专项整治、随机抽查等方式，及时发现和处理存在的安全隐患。同时，应建立信息共享和联合执法机制，加强与相关部门的协作配合，形成监管合力。

8. 违法与处罚规定

对于违反重大危险源管理法律法规的行为，将依法进行处罚。处罚措施包括但不限于警告、罚款、责令停产整顿等。对于造成严重后果的违法行为，还将依法追究相关人员的刑事责任。通过严格的执法和处罚，有效震慑违法行为，维护安全生产秩序。

9. 相关法律介绍

（1）《中华人民共和国安全生产法》《中华人民共和国安全生产法》是我国安全生产领域的基本法律，对所有生产经营单位的安全生产活动进行规范。该法律明确了企业的安全生产责任，要求企业加强对重大危险源的安全管理，通过制定安全生产责任制度、实施员工安全培训等措施，确保安全生产。

（2）《中华人民共和国突发事件应急预案管理办法》《中华人民共和国突发事件应急预案管理办法》针对突发事件的预防、应对、救援和恢复等全过程进行规范，其中涉及重大危险源的应急预案制定和演练要求，强调了构建科学有效的应急管理体系的重要性。

（3）《危险化学品安全管理条例》 此条例针对危险化学品的生产、储存、运输、使用和废弃等全过程作出规定。其中对危险化学品重大危险源的识别、评估、监督、应急准备等方面提出了明确要求，确保危险化学品重大危险源的安全管理。

（4）《中华人民共和国职业病防治法》 针对可能产生职业病危害的重大危险源，例如粉尘、放射性物质等，该法律提出了预防和控制措施，以及职业健康监护的要求，保护劳动者的身体健康。

（5）《中华人民共和国环境保护法》《中华人民共和国环境保护法》对可能对环境造成重大危害的危险源进行了规定，要求企业采取措施减少污染、防治污染事故，保护生态环境安全。

二、重大危险源的安全评估

安全评估作为防范和控制重大危险源的核心环节，是识别、分析和管理工作场所危险源的过程，以防止发生重大工业事故，保护人员和环境安全。以下是对重大危险源安全评估方法和过程的深入探讨，包括其必要性、步骤和实施方法。

1. 重大危险源安全评估的必要性

随着工业化进程的加快，生产活动中使用的危险化学品和危险工艺数量急剧增加，给生产和环境带来了极大的风险。工业事故的频繁发生，不仅造成了人员伤亡和财产损失，也对社会稳定和经济发展造成了巨大影响。因此，开展重大危险源安全评估，识别和控制潜在的危险和风险，对预防和减少事故发生具有重要意义。

2. 重大危险源安全评估的步骤

危险源识别：这是安全评估过程的第一步，目的在于找出和记录所有可能导致重大事故的危险源，包括物质危险性、操作条件、工艺特点等。

（1）风险分析　在识别出危险源后，通过风险分析方法［如 HAZOP（危险与可操作性分析）、LOPA（保护层分析）、QRA（定量风险评估）等］，分析其可能发生事故的场景、事故后果的严重性以及发生事故的概率。

（2）风险评价　基于风险分析的结果，评价不同事故场景下风险的严重程度，通常结合风险频率和后果严重性综合确定风险等级。

（3）风险控制　对于评价结果显示风险等级较高的危险源，需制定针对性的风险控制措施，包括工程控制、管理控制和个人防护等。

（4）编制评估报告　将评估过程、评估结果和风险控制措施等信息详细记录在报告中，供企业管理层和相关部门参考。

（5）定期复评　由于生产工艺、设备状况和外部环境等因素的变化，需要定期对重大危险源进行安全评估复评，确保评估结果和风险控制措施的时效性和有效性。

3. 重大危险源安全评估的实施

（1）组建专业团队　组建由工程师、安全专家和相关领域专业人员组成的评估团队，确保评估工作的专业性和全面性。

（2）数据收集和分析　收集相关的过程和设备信息、化学品特性、历史事故数据等，作为评估的基础。

（3）使用合适的评估工具　根据具体情况选择合适的风险分析方法和工具，如 HAZOP 适用于工艺过程的定性分析，QRA 适用于复杂系统的定量风险评估。

（4）执行风险控制措施　为确保评估过程的有效实施，必须对识别的风险采取实质性的风险控制措施，并通过跟踪监督确保这些措施得到有效执行。

（5）持续改进　重大危险源安全评估和管理是一个持续的过程，需要根据复评结果和新的安全信息不断调整和优化风险控制措施。

三、危险化学品单位对重大危险源的管理

在危险化学品行业中，对重大危险源的管理是确保生产安全、防范事故和保护环境的关键环节，必须对重大危险源进行严格的管理，以确保人员安全、生产稳定和环境安全。随着化学工业的发展和危险化学品种类及用量的增加，加强重大危险源的管理已经成为提升安全生产管理水平、防范和减少事故发生的重要措施，以下是对危险化学品单位进行重大危险源管理的要求和措施。

1. 识别与评估危险源

识别与评估是危险化学品单位对重大危险源管理的首要任务。单位应组织专业人员，通过查阅资料、现场勘查等方式，全面识别生产、储存、运输等环节中可能存在的重大危险源。对于识别出的危险源，应采用科学有效的方法进行评估，明确其潜在的风险等级和可能引发的后果，为后续管理措施的制定提供依据。

2. 制定管控措施

针对识别与评估出的重大危险源，单位应制定具体的管控措施。这些措施包括但不限于：技术改造、设备更新、操作规范制定、安全防护设施配置等。管控措施应确保危险源处于受控状态，降低事故发生的概率和损害程度。

3. 制定应急预案与组织演练

为了应对可能发生的重大危险源事故，单位应制定应急预案，明确应急处置的程序、责任人、资源保障等关键要素。预案应定期进行修订和更新，以适应危险源变化和管理要求的变化。同时，单位还应组织定期的应急演练，提高员工应急处置能力和协作水平，确保在事故发生时能够迅速、有效地进行应对。

4. 建立监控与检测系统

有效的监控与检测系统是重大危险源管理的重要手段。单位应建立完善的监控与检测系统，对重大危险源进行实时监测和数据分析。监控数据应及时反馈至管理人员和操作人员，以便其及时采取措施进行调整和控制。同时，单位还应定期对监控与检测系统进行维护和校准，确保其准确性和可靠性。

5. 安全责任制落实

安全责任制的落实是确保重大危险源管理到位的关键。单位应明确各级管理人员和操作人员的安全职责，确保责任到人。同时，应建立健全的安全考核和奖惩机制，对安全管理工作进行定期检查和评估，对安全责任落实情况进行考核和奖惩，以激励员工积极参与安全管理工作。

6. 档案管理与维护

单位应建立完善的重大危险源管理档案，对识别、评估、管控、应急等方面的信息进行记录和管理。档案应定期更新和维护，确保其真实性和完整性。同时，单位还应加强档案管理人员的培训和管理，提高其业务水平和责任意识。

7. 定期安全检查

定期安全检查是发现和消除安全隐患的重要手段。单位应制订安全检查计划，明确检查周期、内容和方法。检查人员应具备相应的专业知识和经验，能够准确识别潜在的安全风险。对于检查中发现的问题和隐患，应及时记录并采取相应的整改措施，确保安全生产。

8. 法规变化重评估

随着国家和地方安全法规的不断完善，对危险化学品单位的管理要求也在不断提高。单位应密切关注相关法规的变化，定期对重大危险源管理进行重评估。对于法规变化带来的新要求和新挑战，单位应及时调整和完善管理措施，确保符合法规要求。

危险化学品单位对重大危险源的管理是一项复杂而重要的工作，通过识别与评估、制定管控措施、制定应急预案与组织演练、建立监控与检测系统、安全责任制落实、档案管理与维护、定期安全检查以及法规变化重评估等方面的努力，可以确保重大危险源得到有效管理和控制，保障人员安全、生产稳定和环境安全。

案例介绍

【案例 1】 2020 年 2 月 11 日 19 时 50 分左右，位于辽宁葫芦岛经济开发区的辽宁先达农业科学有限公司烯草酮车间发生爆炸事故，造成 5 人死亡、 10 人受伤，直接经济损失约 1200 万元。

事故经过：烯草酮工段操作人员未对物料进行复核确认，错误地将丙酰三酮加入到氯代胺储罐内，导致丙酰三酮和氯代胺在储罐内发生反应，放热并积累热量，物料温度逐渐升高，最终导致物料分解、爆炸。

事故原因分析：辽宁先达农业科学有限公司安全生产规章制度不健全、执行不规范，对工作人员的安全教育培训不到位，生产异常应急处理机制不健全，烯草酮车间管理人员职责划分不清。

【案例 2】 2020 年 4 月 30 日 8 时 30 分许，内蒙古鄂尔多斯市华冶煤焦化有限公司化产回收车间冷鼓工段 2# 电捕焦油器发生燃爆事故，造成 4 人死亡，直接经济损失 843.7 万元。

事故经过：作业人员违反安全作业规定，在 2# 电捕焦油器顶部进行作业时，未有效切断煤气来源，导致煤气漏入 2# 电捕焦油器内部，与空气形成易燃易爆混合气体，作业过程中产生明火，发生燃爆。

事故原因分析：华冶煤焦化有限公司安全生产责任制、安全生产规章制度和操作规程不健全、落实不到位，对煤气设备组织检维修前未制定检维修方案，未进行安全风险分析，未办理特殊作业审批手续；检维修工作安排不合理，形成交叉作业；监测报警设施不完好，不能正常使用；安全培训教育不深入，从业人员安全素质不高。事故现场图片见图 3-1。

图 3-1 内蒙古鄂尔多斯华冶煤焦化有限公司“4·30”火灾事故

习题

一、问答题

1. 重大危险源辨识的作用和意义是什么？重大危险源分哪几级？
2. 重大危险源的辨识方法有哪些？
3. 写出重大危险源安全评估的步骤。
4. 写出危险化学品单位对重大危险源的管理内容。

二、思考题

1. 思考重大危险源辨识的目的是什么，并探讨其在危险化学品安全管理中的重要性。
2. 探讨在危险化学品的辨识过程中，如何判断一个危险化学品是否构成重大危险源。

项目四 危险化学品的安全管理

学习目标

1. 知识目标

（1）了解危险化学品种类。

（2）熟悉危险化学品事故类型和特点。

（3）掌握事故应急救援管理的主要过程和事故应急救援的基本任务、特点、响应机制和程序，以及事故应急救援预案的编制和实施。

（4）掌握几类重大事故的现场应急处置要领。

2. 能力目标

（1）具备对危险源进行风险评估的能力。

（2）具备对危险化学品进行安全管理的基本能力。

（3）具备应急资源的管理与调配能力，提高应急救援效率。

（4）具备识别危险化学品在生产、储存、运输和使用过程中的潜在危险源的能力。

3. 素质目标

（1）通过学习危险化学品安全管理，明确可持续发展的重要性。

（2）通过学习危险化学品安全管理体系，树立社会责任意识，体会爱岗敬业的真正含义。

（3）通过学习事故应急救援的相关知识，树立规范意识、危机意识、安全意识。

（4）通过学习危险化学品的生产、储存、运输和使用中的潜在危险源，提高安全意识，养成严谨认真的工作态度。

任务一 危险化学品认知

一、危险化学品安全现状及发展趋势

1. 危险化学品安全现状

危险化学品包含了广泛的品类，从易燃易爆的石油化工产品到有毒有害的农药、染料等。每个行业的安全生产情况都不尽相同，但普遍存在的问题包括小企业安全管理水平低、

新兴化学品风险未充分认识、老旧装置的安全隐患等。在一些发展中国家，由于工业化水平的提高，化工行业快速发展，但相应的安全管理和技术投入并没有与之匹配，加之法规执行不到位，造成了安全隐患。

根据各国统计和国际组织的报告，化学品事故仍然频发。事故类型既有生产过程中的泄漏、火灾、爆炸，也有运输途中的溢漏、碰撞等。这些事故不仅造成人员伤亡和财产损失，也对环境造成了严重污染。

2. 危险化学品发展趋势

科技的发展为危险化学品安全管理带来了新的机遇。智能化、自动化、信息化等技术正在逐步应用到危险化学品的生产、储运、使用、废弃处理等环节中，提高了管理效率和安全水平。通过大数据分析和人工智能，可以更准确地对潜在的安全风险进行预测和预防，具体体现为：

（1）信息化管理的推进　随着科技的发展，信息化管理成为危险化学品管理的重要手段。通过建立危险化学品数据库和信息共享平台，实现对危险化学品的全程追溯和风险评估，提高管理效率和减少事故发生的可能性。

（2）智能化监测和预警系统的应用　利用传感器、监控设备和人工智能等技术，实时监测危险化学品的储存和使用情况，及时预警并采取措施，以减少事故的发生。

（3）加强国际合作　危险化学品的管理需要跨国合作，各国应加强信息交流、经验分享和培训合作，共同提高管理水平和应对能力。

二、化学品危险性种类

危险化学品的种类繁多，根据危险特性和用途，可以将其分为以下几类：

1. 爆炸物

爆炸物质（或混合物）是一种固态或液态物质（或物质的混合物），其本身能够通过化学反应产生气体，而产生气体的温度、压力和速度能对周围环境造成破坏。其中也包括发火物质，即使它们不放出气体。发火物质（或发火混合物）是这样一种物质或物质的混合物，它旨在通过非爆炸自持放热化学反应产生的热、光、声、气体、烟或所有这些的组合来产生效应。

2. 易燃气体

易燃气体是在20℃和101.3kPa标准压力下，与空气有易燃范围的气体。

3. 易燃气溶胶

易燃气溶胶是指气溶胶喷雾罐，是任何不可重新罐装的容器，该容器由金属、玻璃或塑料制成，内装强制压缩、液化或溶解的气体，包含或不包含液体、膏剂或粉末，配有释放装置，可使所装物质喷射出来，形成在气体中悬浮的固态或液态微粒，或形成泡床、膏剂或粉末，或处于液态或气态。

4. 氧化性气体

氧化性气体是指通过提供氧气，比空气更容易导致或促使其他物质燃烧的任何气体。

5. 压力下气体

压力下气体是指高压气体在压力等于或大于200kPa（表压）下装入贮器的气体，或是液化气体或冷冻液化气体。压力下气体包括压缩气体、液化气体、溶解液体、冷冻液化气体。

6. 易燃液体

易燃液体是指闪点不高于93℃的液体。

7. 易燃固体

易燃固体是容易燃烧或通过摩擦可能引燃或助燃的固体。易于燃烧的固体为粉状、颗粒状或糊状物质，它们在与燃烧着的火柴等火源短暂接触即可点燃和火焰迅速蔓延的情况下，都非常危险。

8. 自反应物质或混合物

自反应物质或混合物是指即使没有氧气（空气）也容易发生剧烈放热分解的热不稳定液态物质、固态物质或混合物。另外，自反应物质或混合物如果在实验室试验中，其组分容易引起爆炸、迅速爆燃或在封闭条件下加热时显示剧烈效应，应视为具有爆炸性质。

9. 自燃液体

自燃液体是即使数量小也能在与空气接触后5min之内引燃的液体。

10. 自燃固体

自燃固体是即使数量小也能在与空气接触后5min之内引燃的固体。

11. 自热物质和混合物

自热物质是指发火液体或固体以外，与空气反应不需要能源供应就能够自己发热的固体或液体物质或混合物；这类物质或混合物与发火液体或固体不同。因为这类物质只有数量很大（公斤级）并经过长时间（几小时或几天）才会燃烧。

请注意，物质或混合物的自热导致自发燃烧是由于物质或混合物与氧气（空气中的氧气）发生反应并且所产生的热没有足够迅速地传导到外界而引起的。当热产生的速度超过热损耗的速度而达到自燃温度时，自燃便会发生。

12. 遇水放出易燃气体的物质或混合物

遇水放出易燃气体的物质或混合物是通过与水作用，容易具有自燃性或放出危险数量的易燃气体的固态物质、液态物质或混合物。

13. 氧化性液体

氧化性液体是指本身未必燃烧，但通常因放出氧气可能引起或促使其他物质燃烧的液体。

14. 氧化性固体

氧化性固体是指本身未必燃烧，但通常因放出氧气可能引起或促使其他物质燃烧的固体。

15. 有机过氧化物

有机过氧化物是指，含有二价—O—O—结构的液态或固态有机物质，可以看作是一个或两个氢原子被有机基替代的过氧化氢衍生物。有机过氧化物是热不稳定物质或混合物，容易放热自加速分解。另外，它们可能具有下列一种或几种性质：

a. 易于爆炸分解；

b. 迅速燃烧；

c. 对撞击或摩擦敏感；

d. 与其他物质发生危险反应。

如果有机过氧化物在实验室试验中，在封闭条件下加热时组分容易爆炸、迅速爆燃或表现出剧烈效应，则可认为它有爆炸性质。

16. 金属腐蚀剂

腐蚀金属的物质或混合物是通过化学作用显著损坏或毁坏金属的物质或混合物。

三、危险化学品事故类型及特点

1. 危险化学品事故类型

危险化学品事故类型繁多，每种类型都有其特定的危险特性和事故形成机制。这些事故不仅对人员安全构成极大威胁，而且对环境造成严重影响。全面了解和分析危险化学品事故类型，对于预防事故发生、减少损害具有重要意义，常见的危险化学品事故类型主要有以下几种。

（1）火灾与燃烧事故　火灾与燃烧事故是危险化学品事故中最为常见的一种类型。当危险化学品受到热源、明火或其他点火源的引燃时，会发生火灾。这类事故往往伴随着高温、浓烟和火焰，对人员、财产和环境造成极大威胁。常见的易燃危险化学品包括易燃液体、易燃固体和可燃气体等。

（2）爆炸与冲击事故　爆炸与冲击事故是危险化学品事故中最为严重的一种类型。当危险化学品在有限空间内发生急速的化学或物理变化，产生大量气体和热量时，会引发爆炸。爆炸产生的冲击波、高温高压和碎片会造成巨大的人员伤亡和财产损失。爆炸与冲击事故常涉及爆炸品、压缩气体和液化气体等危险化学品。

（3）中毒与窒息事故　中毒与窒息事故是危险化学品事故中较为常见的一种类型。当人体吸入或接触有毒危险化学品时，会导致中毒。中毒症状因毒物种类和暴露程度而异，轻者出现头晕、恶心症状，重者可能昏迷甚至死亡。窒息事故则多因危险化学品泄漏导致空气中氧气含量降低或有毒气体浓度过高所致。

（4）化学灼伤事故　化学灼伤事故是由于危险化学品与人体皮肤或眼睛直接接触引起的。一些强酸、强碱等危险化学品具有强烈的腐蚀性，接触后会造成皮肤或眼睛的灼伤。灼伤程度取决于接触时间、接触面积和化学品浓度等因素。

（5）泄漏与扩散事故　泄漏与扩散事故是指危险化学品在储存、运输或使用过程中发生泄漏，导致有害物质扩散到周围环境中的事故。这类事故不仅会对人员造成危害，还可能对生态环境造成长期影响。泄漏事故的原因可能包括设备故障、操作失误或管理不善等。

（6）腐蚀与破坏事故　腐蚀与破坏事故是指危险化学品对设备、管道或其他设施造成腐蚀，导致设施失效或损坏的事故。这类事故往往由于长期接触腐蚀性危险化学品或设备维护不当所致。腐蚀与破坏事故可能引发泄漏、爆炸等其他类型的事故，因此应引起高度重视。

除了上述几种主要类型外，危险化学品事故还可能包括其他相关类型事故，如放射性事故、环境污染事故等。

由于危险化学品事故类型多样，每一种类型都可能带来严重的人员伤亡、财产损失和环境破坏。因此，我们必须加强对危险化学品的安全管理，提高事故预防和应急处置能力，确保人民群众的生命财产安全和社会稳定。

2. 危险化学品事故特点

危险化学品事故因其独特的性质和条件，常常展现出一系列鲜明的特点。这些特点使得事故的应对和救援工作变得尤为复杂和困难。以下是对危险化学品事故特点的详细分析。

（1）发生突发，防护困难　危险化学品事故往往发生得极为突然，事故发生前可能没有明显的预兆或警示信号。这使得相关人员难以提前做出反应，采取有效的防护措施。一旦事故发生，有毒有害物质可能迅速扩散，对人员和环境造成危害。

（2）燃烧速度快，难控制　涉及易燃易爆危险化学品的事故，其燃烧速度通常非常快，火势迅猛且难以控制。这种快速燃烧不仅加剧了事故的严重性，还增加了救援的难度。在火灾现场，火焰温度高、热辐射强，给灭火和救援工作带来了极大的挑战。

（3）毒害性大，危害严重　危险化学品通常具有强烈的毒性或腐蚀性，一旦泄漏或发生事故，其毒害性会对人员和环境造成严重危害。中毒人员可能出现呼吸困难、昏迷甚至死亡，而泄漏的有毒物质也可能对生态系统造成长期影响。

（4）现场情况复杂，救援难　危险化学品事故现场往往情况复杂，可能存在多种危险因素的叠加。例如，火灾现场可能同时伴随着有毒气体的泄漏和爆炸的风险。这种复杂的现场环境使得救援工作变得异常困难，需要救援人员具备较高的专业技能和应对能力。

（5）影响范围大，持续性强　危险化学品事故的影响范围通常较大，不仅直接涉及事故现场，还可能对周边地区甚至更远的区域造成影响。同时，事故的影响往往具有持续性，即使事故得到初步控制，其造成的环境污染和生态破坏也可能长期存在。

（6）损失严重，后果难料　危险化学品事故往往会造成严重的人员伤亡和财产损失。同时，由于事故的复杂性和不确定性，其后果往往难以预料。即使是经验丰富的救援人员也难以准确评估事故的发展趋势和可能带来的损失。

（7）易引发二次事故　危险化学品事故在处理过程中往往容易引发二次事故。例如，在灭火过程中可能因使用不当的灭火剂导致火势扩大或产生新的有毒气体；在泄漏处理过程中可能因操作不当导致泄漏物扩散或引发爆炸等。

（8）救援难度大，要求高　危险化学品事故的救援工作难度大、要求高。救援人员不仅需要具备专业的知识和技能，还需要具备高度的责任心和应对能力。同时，救援工作还需要得到相关部门的大力支持和协调配合，以确保救援行动的顺利进行。

综上所述，危险化学品事故具有发生突然、燃烧速度快、毒害性大、现场情况复杂等特点，这使得事故的应对和救援工作变得尤为困难。因此，我们必须加强对危险化学品的安全管理，提高事故预防和应对能力，以减少事故的发生和降低其带来的损失。

任务二　安全储存与运输危险化学品

一、危险化学品的安全储存

危险化学品的安全储存是确保生产安全、预防事故的重要环节。正确的储存方式能够有效降低危险化学品的风险，减少事故发生的可能性。以下是关于危险化学品安全储存的一些关键要点。

1. 分类分项储存

危险化学品应严格按照其性质、用途和危险性进行分类分项储存。不同类别的危险化学品应分开存放，避免相互反应或引发危险。同时，对于易燃、易爆、有毒等高危化学品，应设置专门的储存区域，并采取相应的安全防护措施。

2. 容器与包装要求

储存危险化学品的容器和包装应符合相关规定，具备足够的强度和密封性。容器材料应与所储存的化学品相容，避免发生化学反应。包装上应标明化学品的名称、危险性、储存要求等信息，方便管理和使用。

3. 储存环境控制

危险化学品的储存环境应干燥、通风、阴凉，远离火源和热源。储存区域内应保持清洁卫生，防止杂质和污物进入。同时，对于温度敏感或易受光照影响的化学品，应设置温控设施和遮光设施，保持适宜的储存条件。

4. 防火防爆措施

防火防爆是危险化学品储存的重要环节。储存区域应配备足够的消防器材和防爆设施，如灭火器、消防栓、防爆灯等。同时，应制定防火防爆安全操作规程，定期进行消防演练和安全检查，确保储存区域的安全稳定。

5. 隔离限量存放

对于易燃、易爆、有毒等高危化学品，应采取隔离限量存放的措施。即在同一储存区域内，应设置明显的隔离设施，将高危化学品与其他化学品分开存放。同时，对于每种化学品的储存数量应进行严格控制，避免超量储存导致安全隐患。

6. 避光防潮防静电

部分危险化学品对光照、湿度和静电敏感，因此应采取相应的防护措施。如设置遮光设施、保持储存区域干燥、使用防静电材料等。此外，还应定期对储存区域内的设施进行检查和维护，确保其正常运行和有效防护。

7. 温湿度与清洁度

储存危险化学品的区域应严格控制温湿度，避免过高或过低的温度对化学品造成不良影响。同时，应保持贮存区域的清洁度，定期清理积尘、杂物等。清洁时应注意避免使用可能产生静电或火花的设备和方法。

8. 定期检查与维护

为了确保危险化学品的安全储存，应定期进行储存设施的检查和维护。检查内容包括容器和包装的完好性、储存环境的温湿度、防火防爆设施的有效性等。对于发现的问题和隐患，应及时进行处理和整改，确保储存设施始终处于良好的工作状态。

危险化学品的安全储存需要严格遵循相关规定和标准，采取有效的防护措施和管理手段，只有这样，才能确保危险化学品的安全、稳定和有效利用。

二、危险化学品的安全运输

危险化学品的安全运输是确保整个物流过程中人员安全、环境安全和财产安全的重要环节。为确保运输过程的顺利进行，必须严格遵守一系列安全规范和管理要求，危险化学品安全运输包含以下主要内容。

1. 许可与登记手续

在进行危险化学品运输前，必须取得相应的运输许可，并按照相关规定进行登记。包括向有关部门提交运输申请，提供化学品的详细信息、运输量、目的地等相关资料，并接受审查。获得许可后，需严格按照许可范围进行运输，并随时准备接受相关部门的监督检查。

2. 安全管理规定

在危险化学品运输过程中，必须遵守一系列安全管理规定。这些规定包括运输路线的选择、运输时间的安排、运输过程中的禁止行为等。同时，还应建立健全的安全管理制度，确保运输过程的规范化、标准化。

3. 运输车辆要求

运输危险化学品的车辆必须符合国家相关标准，具备良好的安全性能和防护设施。车辆应配备专用的安全装置，如防火、防爆、防泄漏等装置，并确保其处于良好工作状态。此外，车辆还应定期进行安全检查和维护，确保其始终处于良好的运行状态。

4. 人员资质与培训

从事危险化学品运输的人员必须具备相应的资质和经过专业培训。他们应了解危险化学品的性质、危险性、应急处置措施等基本知识，并熟练掌握运输过程中的安全操作规程。此外，还应定期进行安全教育和培训，提高人员的安全意识和操作技能。

5. 包装与标识规范

危险化学品的包装必须符合国家相关标准，并具备足够的强度和密封性。包装上应标明化学品的名称、危险性、数量、生产日期等信息，并附上醒目的安全警示标志。在运输过程中，应确保包装完好无损，防止化学品泄漏或污染环境。

6. 货物装载安全

在装载危险化学品时，必须遵循相关安全规范。货物应分类分项装载，避免不同性质的化学品混合装载。同时，应控制装载量，避免超载或偏载。在装载过程中，还应注意轻拿轻放，防止因撞击、摩擦等引起化学品泄漏或爆炸。

7. 应急处置措施

针对危险化学品运输过程中可能出现的各种突发情况，应制定相应的应急处置措施。这些措施包括泄漏、火灾、爆炸等事故的应急处理流程，以及应急设备、人员的配备和调动方案。在运输过程中，应随时准备应对突发情况，确保事故得到及时、有效的处理。

8. 监督与检查制度

为确保危险化学品运输的安全有效，应建立健全监督与检查制度。相关部门应定期对运输车辆、人员、包装等进行检查，确保其符合安全要求。同时，还应加强对运输过程的监督，确保各项安全管理规定的落实。对于发现的问题和隐患，应及时进行处理和整改，确保危险化学品运输的安全稳定。

危险化学品的安全运输涉及多个方面的要求和管理措施，只有严格遵守相关规定和标准，加强安全管理和监督检查，才能确保危险化学品运输的安全、高效和顺利进行。

任务三　事故的应急管理

一、事故应急管理过程的认识

“应急管理”是指政府、企业以及其他公共组织，为了保护公众生命财产安全，维护公共安全、环境安全和社会秩序，在突发事件事前、事中、事后所进行的预防、准备、响应、恢复等活动的总称。

应急管理具有两个方面的含义：①应急管理贯穿于突发事件的事前、事中、事后的全过程。②应急管理是事前、事后的管理和事中的应急的有机统一。突发事件，是指突然发生，造成或者可能造成严重社会危害，需要采取应急处置措施予以应对的自然灾害、事故灾难、公共卫生事件和社会安全事件。

应急管理是一个动态的过程，包括预防、准备、响应和恢复四个阶段。尽管在实际情况中这些阶段往往是交叉的，但每一阶段都有其明确的目标，而且每一阶段又是构筑在前一阶段的基础之上，因而预防、准备、响应和恢复的相互关联，构成了突发事件应急管理的循环过程。

（1）预防　在安全生产应急管理中预防有两层含义，一是事故的预防工作，即通过安全技术和安全管理等手段，尽可能地防止事故的发生，实现本质安全；二是在假定事故必然发生的前提下，通过预先采取的预防措施，降低事故的影响或后果的严重程度，如工厂选址的安全规划、加大建筑物的安全距离、减少危险物品的存量、设置防护墙以及开展公众教育等。从长远看，低成本、高效率的预防措施是减少事故损失的关键。

（2）准备　应急准备是应急管理工作中的一个关键环节，应急准备的目标是形成与预期风险相匹配的能力。

应急准备工作涵盖了应急管理工作的全过程。应急准备并不仅仅针对应急响应，它为预防、监测预警、应急响应和恢复等各项应急管理工作提供支撑，贯穿应急管理工作的整个过程。从应急管理的阶段看，应急准备工作体现在预防工作所需的意识准备和组织准备，监测预警工作所需的物资准备，响应工作所需的人员和装备准备，恢复工作所需的资金准备等各阶段的准备工作；从应急准备的内容看，其组织、机制、资源等方面的准备贯穿整个应急管理过程。

（3）响应　应急响应是指在突发事件发生以后所进行的各种紧急处置和救援工作，包括事故的报警与通报、人员的紧急疏散、急救与医疗、消防和工程抢险措施、信息收集与应急决策、外部救援等。其目标是尽可能地抢救受害人员，保护可能受威胁的人群，尽可能控制并消除事故。及时响应是应急管理的又一项主要原则。

（4）恢复　恢复工作应在事故发生后立即进行。首先应使事故影响区域恢复到相对安全的基本状态，然后逐步恢复到正常状态。要求立即进行的恢复工作包括事故损失评估、原因调查、清理废墟等。在短期恢复工作中，应注意避免出现新的紧急情况。长期恢复包括厂区重建和受影响区域的重新规划和发展。在长期恢复工作中，应汲取事故和应急救援的经验教训，开展进一步的预防工作和减灾行动。

二、事故的应急救援

（一）事故应急救援基本任务的认识

事故应急救援的总目标是通过有效的应急救援行动，尽可能地降低事故后果的严重程度，包括人员伤亡、财产损失和环境破坏等。

结合事故应急救援具有不确定性、突发性、复杂性和后果、影响易猝变、激化、放大的特点，事故应急救援的基本任务包括下述几个方面：

（1）抢救受害人员是应急救援的首要任务　立即组织营救受害人员，组织撤离或者采取其他措施保护危害区域内的其他人员。在应急救援行动中，快速、有序、有效地实施现场急救与安全转送伤员，是降低伤亡率、减少事故损失的关键。由于重大事故发生突然、扩散迅速、涉及范围广、危害大，应及时指导和组织群众采取各种措施进行自身防护，必要时迅速撤离危险区或可能受到危害的区域。在撤离过程中，应积极组织群众开展自救和互救工作。

（2）及时控制住造成事故的危险源是应急救援工作的重要任务　迅速控制事态，并对事故造成的危害进行检测、监测，测定事故的危害区域、危害性质及危害程度。只有及时地控制住危险源，防止事故的继续扩展，才能及时有效地进行救援。特别对发生在城市或人口稠密地区的化学事故，应尽快组织工程抢险队与事故单位技术人员一起及时控制事故继续扩展。

（3）消除危害后果，做好现场恢复　针对事故对人体、动植物、土壤、水体、空气等造成的现实危害和可能的危害，迅速采取封闭、隔离、洗消、监测等措施，防止对人的继续危害和对环境的污染。及时清理废墟和恢复基本设施，将事故现场恢复至相对稳定的状态。

（4）查清事故原因，评估危害程度　事故发生后应及时调查事故的发生原因和事故性质，评估出事故的危害范围和危险程度，查明人员伤亡情况，做好事故原因调查，并总结救援工作中的经验和教训。

（二）事故应急救援体系的建立

按照《全国安全生产应急救援体系总体规划方案》的要求，全国安全生产应急管理体系主要由组织体系、运行机制、支持保障系统以及法律法规体系等部分构成。应急救援体系的基本构成如图 4-1 所示。

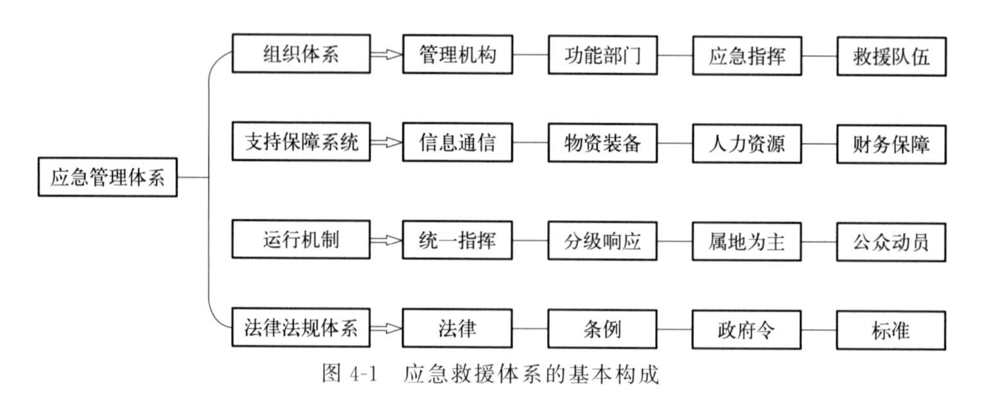

图 4-1　应急救援体系的基本构成

1. 组织体系

组织体系是安全生产应急管理体系的基础，主要包括应急管理的领导决策层、管理与协调指挥系统以及应急救援队伍。应急管理体系组织体制建设中的管理机构是指维持应急日常管理的负责部门；功能部门包括与应急活动有关的各类组织机构，如消防、医疗机构等；应急指挥是应急预案启动后应急救援活动的指挥系统；而救援队伍则由专业和志愿人员组成。

2. 支持保障系统

支持保障系统是安全生产应急管理体系的有机组成部分，是体系运转的物质条件和手段，主要包括信息通信系统、物资装备系统、人力资源系统、财务保障系统等。信息通信系统列于应急保障系统的第一位，构筑集中管理的信息通信平台是应急管理体系重要的基础建设。信息通信系统要保证所有预警、报警、警报、报告、指挥等活动的信息交流快速、顺畅、准确，以及信息资源共享；物资装备系统不但要保证有足够的资源，还要实现快速、及时供应到位；人力资源系统用于保障专业队伍的加强、志愿人员以及其他有关人员的培训教育；财务保障系统应建立专项应急项目，如应急基金等，以保障应急管理运行和应急救援中各项活动的支出。

3. 运行机制

运行机制是全国安全生产应急管理体系的重要保障，目标是实现统一领导、分级管理，条块结合、以块为主，分级响应、统一指挥，资源共享、协同作战，一专多能、专兼结合，防救结合、平战结合，以及动员公众参与，以切实加强安全生产应急管理体系内部的应急管理，明确和规范响应程序，保证应急管理体系运转高效、应急响应灵敏、取得良好的救援效果。

应急救援活动一般划分为应急准备、初级反应、扩大应急和应急恢复四个阶段，应急机制与这四个阶段的应急活动密切相关。应急运行机制主要由统一指挥、分级响应、属地为主和公众动员这四个基本机制组成。

统一指挥是应急活动的基本原则之一。无论采用哪一种指挥系统，都必须实行统一指挥的模式，无论应急救援活动涉及单位的行政级别高低还是隶属关系不同，都必须在应急指挥部的统一组织协调下行动，有令则行，有禁则止，统一号令，步调一致。

分级响应是指在初级响应到扩大应急的过程中实行的分级响应的机制。扩大或提高应急级别的主要依据是事故灾难的危害程度、影响范围和控制事态能力。影响范围和控制事态能力是“升级”的最基本条件。扩大应急救援主要是提高指挥级别、扩大应急范围等。属地为主强调“第一反应”的思想和以现场应急、现场指挥为主的原则。公众动员机制是应急机制的基础，也是整个应急体系的基础。

4. 法律法规体系

法律法规体系是应急管理体系的法制基础和保障，也是开展各项应急活动的依据，与应急有关的法律法规主要包括由立法机关通过的法律、政府和有关部门颁布的行政法规、规章、规定以及与应急救援活动直接有关的标准或管理办法等。

（三）事故应急救援体系的响应

1. 事故应急救援的响应机制

重大事故应急救援体系应根据事故的性质、严重程度、事态发展趋势和控制能力实行分级响应机制，对不同的响应级别，相应地明确事故的通报范围、应急中心的启动程度、应急力量的出动和设备、物资的调集规模、疏散的范围、应急总指挥的职位等。典型的响应级别通常可分为三级。

（1）三级响应　三级响应即三级紧急情况，是能被一个部门正常可利用的资源处理的紧急情况。正常可利用的资源指在该部门权力范围内通常可以利用的应急资源，包括人力和物力资源等。必要时，该部门可以建立一个现场指挥部，所需的后勤支持、人员或其他资源增援由本部门负责解决。

（2）二级响应　二级响应即二级紧急情况，是需要两个或更多个部门响应的紧急情况。该事故的救援需要有关部门的协作，并且提供人员、设备或其他资源。该级响应需要成立现场指挥部来统一指挥现场的应急救援行动。

（3）一级响应　一级响应即一级紧急情况，是必须利用所有有关部门及一切资源的紧急情况，或者需要各个部门同外部机构联合处理的各种紧急情况，通常要宣布进入紧急状态。

在该级别中，做出主要决定的职责通常是紧急事务管理部门。现场指挥部可在现场做出保护生命和财产以及控制事态所必需的各种决定。解决整个紧急事件的决定，应该由紧急事务管理部门负责。

2. 事故应急救援的程序

事故应急救援系统的应急响应程序按过程可分为接警、响应级别确定、应急启动、救援行动、事态控制、应急恢复和应急结束等过程，如图 4-2 所示。

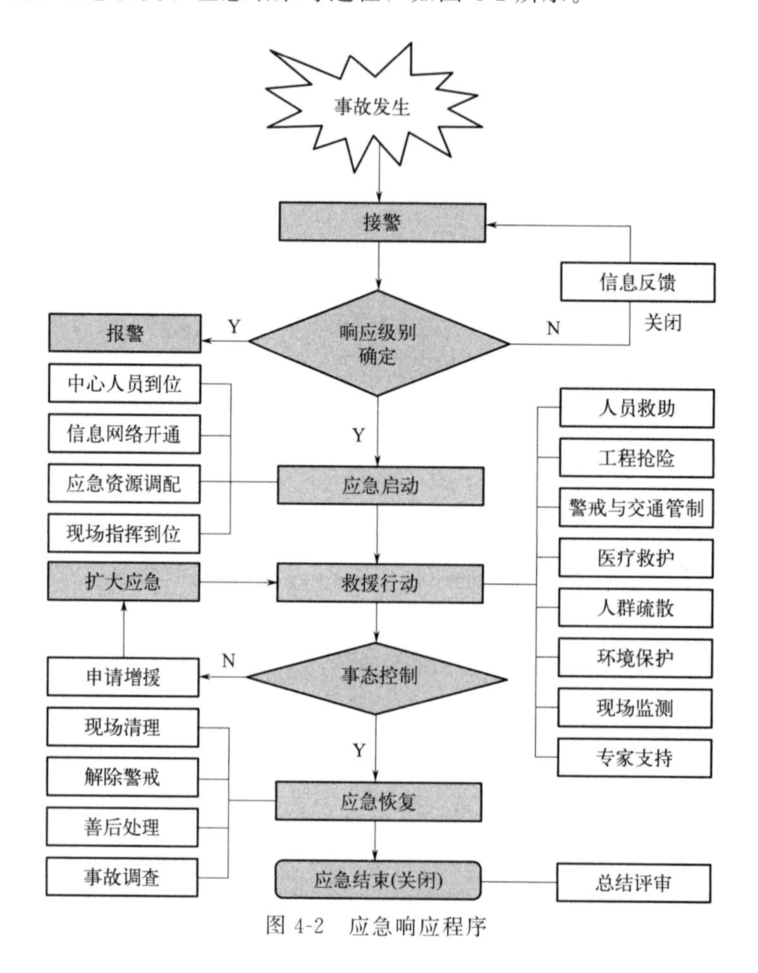

图 4-2　应急响应程序

（1）接警与响应级别确定　接到事故报警后，按照工作程序，对警情做出判断，初步确定相应的响应级别。如果事故不足以启动应急救援体系的最低响应级别，响应关闭。

（2）应急启动　应急响应级别确定后，按所确定的响应级别启动应急程序，如通知应急中心有关人员到位、开通信息与通信网络、通知调配救援所需的应急资源（包括应急队伍、应急物资、应急装备等）、成立现场指挥部等。

（3）救援行动　有关应急队伍进入事故现场后，迅速开展事故侦测、警戒、疏散、人员救助、工程抢险等有关应急救援工作，专家组为救援决策提供建议和技术支持。当事态超出响应级别无法得到有效控制时，向应急中心请求实施更高级别的应急响应。

（4）应急恢复　救援行动结束后，进入临时应急恢复阶段。该阶段主要包括现场清理、解除警戒、善后处理和事故调查等。

（5）应急结束 执行应急关闭程序，由事故总指挥宣布应急结束。

三、事故应急救援预案的编制

1. 应急救援预案的作用

事故应急预案在应急救援体系中起着关键作用，它明确了在突发事故发生之前、发生过程中以及刚刚结束之后，谁负责做什么、何时做，以及相应的策略和资源准备等。它是针对可能发生的重大事故及其影响和后果的严重程度，为应急准备和应急响应的各个方面所预先做出的详细安排，是开展及时、有序和有效的事故应急救援工作的行动指南。

应急救援预案在生产安全事故中发挥的主要作用有：

① 应急预案明确了应急救援的范围和体系，使应急准备和应急管理有据可依、有章可循，尤其是对于应急培训和演习工作的开展。

② 制定应急预案有利于做出及时、有效的应急响应，降低事故的危害程度。

③ 事故应急预案成为各类突发重大事故的应急基础。通过编制基本应急预案，可保证应急预案足够灵活，对那些事先无法预料到的突发事件或事故，也可以起到基本的应急指导作用，成为开展应急救援的“底线”。在此基础上，可以针对特定危害编制专项应急预案，有针对性地制定应急措施，进行专项应急准备和演习。

④ 当发生超过应急能力的重大事故时，便于与上级应急部门的协调。

⑤ 有利于提高风险防范意识。

2. 生产经营单位应急救援预案的构成

生产经营单位的应急预案分为综合应急预案、专项应急预案和现场处置方案。

（1）综合应急预案 综合应急预案，是指生产经营单位为应对各种生产安全事故而制定的综合性工作方案，是本单位应对生产安全事故的总体工作程序、措施和应急预案体系的总纲。通过综合应急预案可以很清晰地了解应急的组织体系、运行机制及预案的文件体系。

（2）专项应急预案 专项应急预案，是指生产经营单位为应对某一种或者多种类型生产安全事故，或者针对重要生产设施、重大危险源、重大活动防止生产安全事故而制定的专项性工作方案。专项应急预案充分考虑了某种特定危险的特点，对应急的形式、组织机构、应急活动等进行更具体的阐述，具有较强的针对性。

（3）现场处置方案 现场处置方案，是指生产经营单位根据不同生产安全事故类型，针对具体场所、装置或者设施所制定的应急处置措施。现场处置方案一般应由生产经营单位依据本单位风险评估结果、岗位操作规程以及危险性控制措施，组织本单位现场作业人员及安全管理等专业人员共同编制，具有更强的针对性和对现场具体应急救援活动的指导性。对于危险性较大的场所、装置或者设施，生产经营单位应当编制现场处置方案。事故风险单一、危险性小的生产经营单位，可以只编制现场处置方案。

此外，应急处置卡也是生产经营单位事故应急预案体系中不可缺少的内容，生产经营单位在编制应急预案的基础上，针对工作场所、岗位的特点，编制简明、实用、有效的应急处置卡。应急处置卡应当规定重点岗位、人员的应急处置程序和措施，以及相关联络人员及其联系方式，便于从业人员携带。

3. 应急救援预案的编制要求

应急预案的编制应当遵循以人为本、依法依规、符合实际、注重实效的原则，以应急处置为核心，明确应急职责、规范应急程序、细化保障措施。

应急预案的编制应当符合下列基本要求：

① 有关法律、法规、规章和标准的规定；

② 安全生产实际情况；

③ 危险性分析；

④ 应急组织和人员的职责分工明确，并有具体的落实措施；

⑤ 有明确、具体的应急程序和处置措施，并与其应急能力相适应；

⑥ 有明确的应急保障措施，满足应急工作需要；

⑦ 应急预案基本要素齐全、完整，应急预案附件提供的信息准确；

⑧ 应急预案内容与相关应急预案相互衔接。

4. 应急救援预案的编制程序及发布实施

生产经营单位应急预案编制程序包括成立应急预案编制工作组、资料收集、危险源辨识与风险评估、应急能力评估、编制应急预案和应急预案评审六个步骤。

（1）成立应急预案编制工作组　由本单位有关负责人任组长，吸收与应急预案有关的职能部门和单位的人员，以及有现场处置经验的人员参加。

（2）资料收集　应急预案编制工作组要收集与预案编制工作相关的法律法规、技术标准、国内外同行业事故等资料，以及本单位及周边区域已有应急资源等有关资料信息。

（3）危险源辨识与风险评估　评估的主要内容包括：

① 在前期相关资料消化的基础上，分析生产经营单位存在的危险因素，确定事故危险源；

② 分析可能发生的事故类型及后果，并指出可能产生的次生、衍生事故；

③ 评估事故的危害程度和影响范围，提出风险防控措施。

（4）应急能力评估　依据风险评估结果分析应急资源需求，在全面调查和客观分析生产经营单位应急队伍装备物资等应急资源状况基础上，开展应急能力评估，并依据评估结果完善应急保障措施。

（5）编制应急预案　依据生产经营单位风险评估及应急能力评估结果，确定本单位应急预案体系框架，并依据分工组织编制。应急预案编制应注重系统性和可操作性，做到与相关部门和单位应急预案相衔接。

（6）应急预案的评审与发布　应急预案编制完成后，生产经营单位应组织评审。评审分为内部评审和外部评审，以确保应急预案的科学性、合理性以及与实际情况的符合性。内部评审由生产经营单位主要负责人组织本单位有关部门和人员进行评审，外部评审由生产经营单位组织外部有关专家和人员进行评审。应急预案评审合格后，由生产经营单位主要负责人签发实施，并进行备案管理。

（7）应急预案实施　应急预案经批准发布后，应组织落实预案中的各项工作，如开展应急预案宣传、教育和培训，落实应急资源并定期检查，确保应急设备设施始终处于正常状态，依法依规组织开展应急演练，建立电子化的应急预案，对应急预案实施动态管理与更新，并不断完善。

四、事故应急救援预案的演练

应急演练是指针对可能发生的事故情景，依据应急预案而模拟开展的应急活动。

（一）应急演练的分类

应急演练按照演练内容分为综合演练和单项演练，按照演练形式分为实战演练和桌面演练，按目的与作用分为检验性演练、示范性演练和研究性演练，不同类型的演练可相互组合。

（1）综合演练　针对应急预案中多项或全部应急响应功能开展的演练活动。

（2）单项演练　针对应急预案中某一项应急响应功能开展的演练活动。

（3）桌面演练　针对事故情景，利用图纸、沙盘、流程图、计算机模拟、视频会议等辅助手段，进行交互式讨论和推演的应急演练活动。

（4）实战演练　针对事故情景，选择（或模拟）生产经营活动中的设备、设施、装置或场所，利用各类应急器材、装备、物资，通过决策行动、实际操作，完成真实应急响应的过程。

（5）检验性演练　检验性演练是为了检验应急预案的可行性、应急准备的充分性、应急机制的协调性及相关人员的应急处置能力而组织的演练。

（6）示范性演练　示范性演练是为了检验和展示综合应急救援能力，按照应急预案开展的具有较强指导宣教意义的规范性演练。

（7）研究性演练　研究性演练是为了探讨和解决事故应急处置的重点、难点问题，试验新方案、新技术、新装备而组织的演练。

（二）应急演练目的和工作原则

1. 应急演练目的

（1）检验预案　发现应急预案中存在的问题，提高应急预案的针对性、实用性和可操作性；

（2）完善准备　完善应急管理标准制度，改进应急处置技术，补充应急装备和物资，提高应急能力；

（3）磨合机制　完善应急管理部门、相关单位和人员的工作职责，提高协调配合能力；

（4）宣传教育　普及应急管理知识，提高参演和观摩人员风险防范意识和自救互救能力；

（5）锻炼队伍　熟悉应急预案，提高应急人员在紧急情况下妥善处置事故的能力。

2. 应急演练的工作原则

（1）符合相关规定　按照国家相关法律法规、标准及有关规定组织开展演练；

（2）依据预案演练　结合生产面临的风险及事故特点，依据应急预案组织开展演练；

（3）注重能力提高　突出以提高指挥协调能力、应急处置能力和应急准备能力组织开展演练；

（4）确保安全有序　在保证参演人员、设备设施及演练场所安全的条件下组织开展演练。

（三）应急演练的基本流程

应急演练实施基本流程包括计划、准备、实施、评估总结、持续改进五个阶段。

1. 计划阶段

（1）需求分析　全面分析和评估应急预案、应急职责、应急处置工作流程和指挥调度程序、应急技能和应急装备、物资的实际情况，提出需通过应急演练解决的内容，有针对性地确定应急演练目标，提出应急演练的初步内容和主要科目。

（2）明确任务　确定应急演练的事故情景类型、等级、发生地域，演练方式，参演单位，应急演练各阶段主要任务，应急演练实施的拟定日期。

（3）制订计划　根据需求分析及任务安排，组织人员编制演练计划文本。

2. 准备阶段

（1）成立演练组织机构　综合演练通常应成立演练领导小组，负责演练活动筹备和实施过程中的组织领导工作，审定演练工作方案、演练工作经费、演练评估总结以及其他需要决定的重要事项。演练领导小组下设策划与导调组、宣传组、保障组、评估组。根据演练规模大小，其组织机构可进行调整。

① 策划与导调组。负责编制演练工作方案、演练脚本、演练安全保障方案，负责演练活动筹备、事故场景布置、演练进程控制和参演人员调度以及与相关单位、工作组的联络和协调。

② 宣传组。负责编制演练宣传方案，整理演练信息、组织新闻媒体和开展新闻发布。

③ 保障组。负责演练的物资装备、场地、经费、安全保卫及后勤保障。

④ 评估组。负责对演练准备、组织与实施进行全过程、全方位的跟踪评估；演练结束后及时向演练单位或演练领导小组及其他相关专业组提出评估意见、建议，并撰写演练评估报告。

（2）编制演练工作方案和脚本

① 演练工作方案。内容主要包括：目的及要求、事故情景、参与人员及范围、时间与地点、主要任务及职责、筹备工作内容、主要工作步骤、技术支撑及保障条件、评估与总结。

② 脚本。演练一般按照应急预案进行，按照应急预案进行时，根据工作方案中设定的事故情景和应急预案中规定的程序开展演练工作。演练单位根据需要确定是否编制脚本。如需要编制脚本，一般采用表格形式。脚本主要内容为：模拟事故情景，处置行动与执行人员，指令与对白、步骤及时间安排，视频背景与字幕，演练解说词等。

（3）确定保障方案　演练保障方案应包括应急演练可能发生的意外情况、应急处置措施及责任部门、应急演练意外情况中止条件与程序等。

（4）确定评估方案　演练评估方案内容如下：

① 演练信息包括目的和目标、情景描述，应急行动与应对措施简介；

② 评估内容包括各种准备、组织与实施、效果；

③ 评估标准包括各环节应达到的目标评判标准；

④ 评估程序包括主要步骤及任务分工；

⑤ 附件包括所需要用到的相关表格。

（5）编制演练观摩手册 根据演练规模和观摩需要，可编制演练观摩手册。演练观摩手册通常包括应急演练时间、地点、情景描述、主要环节及演练内容、安全注意事项。

（6）编制演练宣传方案 编制演练宣传方案，明确宣传目标、宣传方式、传播途径、主要任务及分工、技术支持。

（7）工作保障 根据演练工作需要，做好演练的组织与实施需要相关保障条件。

保障条件主要内容如下：

① 人员保障。按照演练方案和有关要求，确定演练总指挥、策划导调、宣传、保障、评估、参演人员参加演练活动，必要时设置替补人员。

② 经费保障。明确演练工作经费及承担单位。

③ 物资和器材保障。明确各参演单位所准备的演练物资和器材。

④ 场地保障。根据演练方式和内容，选择合适的演练场地；演练场地应满足演练活动需要，应尽量避免影响企业和公众正常生产、生活。

⑤ 安全保障。采取必要安全防护措施，确保参演、观摩人员以及生产运行系统安全。

⑥ 通信保障。采用多种公用或专用通信系统，保证演练通信信息通畅。

⑦ 其他保障。

3. 应急演练的实施

（1）现场检查 确认演练所需的工具、设备、设施、技术资料以及参演人员到位。对应急演练安全设备、设施进行检查确认，确保安全保障方案可行，所有设备、设施完好，电力、通信系统正常。

（2）演练简介 应急演练正式开始前，应对参演人员进行情况说明，使其了解应急演练规则、场景及主要内容、岗位职责和注意事项。

（3）启动 应急演练总指挥宣布开始应急演练，参演单位及人员按照设定的事故情景，参与应急响应行动，直至完成全部演练工作。演练总指挥可根据演练现场情况，决定是否继续或终止演练活动。

（4）执行演练 按预先确定的演练方案实施。

（5）演练记录 演练实施过程中，安排专门人员采用文字、照片和音像手段记录演练过程。

（6）中断 在应急演练实施过程中，出现特殊或意外情况，短时间内不能妥善处理或解决时，应急演练总指挥按照事先规定的程序和指令中断应急演练。

（7）结束 完成各项演练内容后，参演人员进行人数清点和讲评，演练总指挥宣布演练结束。

4. 评估总结阶段

（1）评估

① 演练点评。演练结束后，可选派有关代表（演练组织人员、参演人员、评估人员或相关方人员）对演练中发现的问题及取得的成效进行现场点评。

② 参演人员自评。演练结束后，演练单位应组织各参演小组或参演人员进行自评，总结演练中的优点和不足，介绍演练收获及体会。演练评估人员应参加参演人员自评会并做好记录。

③ 评估组评估。参演人员自评结束后，演练评估组负责人应组织召开专题评估工作会议，综合评估意见。评估人员应根据演练情况和演练评估记录发表建议并交换意见，分析相关信息资料，明确存在问题并提出整改要求和措施等。

④ 编制演练评估报告。演练现场评估工作结束后，评估组针对收集的各种信息资料，依据评估标准和相关文件资料对演练活动全过程进行科学分析和客观评价，并撰写演练评估报告，评估报告应向所有参演人员公示。

报告主要内容通常包括：

a. 演练基本情况。演练的组织及承办单位、演练形式、演练模拟的事故名称、发生的时间和地点、事故过程的情景描述、主要应急行动等。

b. 演练评估过程。演练评估工作的组织实施过程和主要工作安排。

c. 演练情况分析。依据演练评估表格的评估结果，从演练的准备及组织实施情况、参演人员表现等方面具体分析好的做法和存在的问题以及演练目标的实现、演练成本效益分析等。

d. 改进的意见和建议。对演练评估中发现的问题提出整改的意见和建议。

e. 评估结论。对演练组织实施情况的综合评价，并给出优（无差错地完成了所有应急演练内容）、良（达到了预期的演练目标，差错较少）、中（存在明显缺陷，但没有影响实现预期的演练目标）、差（出现了重大错误，演练预期目标受到严重影响，演练被迫中止，造成应急行动延误或资源浪费）等评估结论。

（2）总结　应急演练结束后，首先撰写演练总结报告。演练组织单位应根据演练记录、演练评估报告、应急预案、现场总结材料，对演练进行全面总结，并形成演练书面总结报告。报告可对应急演练准备策划工作进行简要总结分析。参与单位也可对本单位的演练情况进行总结。演练总结报告的主要内容：①演练基本概要；②演练发现的问题，取得的经验和教训；③应急管理工作建议。

其次，应将演练资料归档。演练组织单位应将应急演练工作方案、应急演练书面评估报告、应急演练总结报告文字资料，以及记录演练实施过程的相关图片、视频、音频资料归档保存。

5. 应急演练持续改进

（1）应急预案修订完善　根据演练评估报告中对应急预案的改进建议，按程序对预案进行修订完善。

（2）应急管理工作改进　应急演练结束后，演练组织单位应根据应急演练评估报告、总结报告提出的问题和建议，对应急管理工作（包括应急演练工作）进行持续改进；并且应督促相关部门和人员，制订整改计划，明确整改目标，制定整改措施，落实整改资金，并跟踪督查整改情况。

任务四　掌握危险化学品几类重大事故的现场应急处置要领

一、火灾事故的应急处置

火灾事故具有突发性和高危险性，正确的应急处置对于控制火势、减少损失至关重要，对火灾事故的应急处置流程包括以下几个方面。

1. 报警与确认火情

一旦发现火灾，首先要做的是立即报警。报警时应详细说明火灾发生的地点、火势大小、是否有人员被困等信息，以便消防部门能够迅速作出反应。同时，要确认火情，了解火灾发生的具体原因和火势蔓延情况，为后续处置提供准确依据。

2. 启动应急预案

确认火情后，应立即启动单位的应急预案。预案应明确各级人员的职责和任务，确保各部门能够迅速响应、协调配合。同时，要根据火势情况和预案要求，采取相应的措施，如关闭电源、启动消防设备等，以控制火势的进一步发展。

3. 调动灭火力量

在应急预案的指导下，要迅速调动单位内部的灭火力量。这包括组织员工进行初期灭火、利用消防器材进行灭火等。同时，要向周边的企事业单位或社区发出求援信号，请求协助灭火。在调动灭火力量的过程中，要确保人员安全，避免因盲目行动而造成不必要的伤亡。

4. 现场灭火救援

在灭火过程中，要根据火势情况和灭火力量的分布情况，制定合理的灭火救援方案。现场指挥人员要密切关注火势变化，及时调整灭火策略，确保灭火行动的有效性和安全性。同时，要保障灭火救援人员的通信联络畅通，以便及时传达指令和信息。

5. 疏散与警戒工作

在灭火救援的同时，要做好疏散与警戒工作。疏散人员要引导员工和群众有序撤离火灾现场，确保人员安全。警戒人员要设置警戒线，防止无关人员进入火灾现场，避免造成混乱和二次伤害。

6. 联系消防救援队

在火灾事故发生后，要及时联系消防救援队，请求专业救援力量的支援。与消防救援队的沟通要保持畅通，及时提供火灾现场的最新情况，以便消防救援队能够准确了解火势情况，制定科学的救援方案。

7. 事后报告与总结

火灾事故得到控制后，要及时向上级主管部门报告事故情况，包括火灾原因、损失情况、救援过程等。同时，要对整个应急处置过程进行总结，分析成功经验和存在的不足，以便在今后的工作中加以改进。

8. 评估与持续改进

针对火灾事故的应急处置过程，要进行全面的评估。评估内容包括应急预案的有效性、灭火力量的调动情况、现场指挥的合理性等。根据评估结果，对应急预案进行修订和完善，提高单位的火灾应对能力。同时，要加强员工的消防安全培训，提高员工的火灾防范意识和应急处置能力。

火灾事故的应急处置是一项复杂而重要的工作，只有做好报警与确认火情、启动应急预案、调动灭火力量、现场灭火救援、疏散与警戒工作、联系消防救援队、事后报告与总结以及评估与持续改进等方面的工作，才能有效地控制火势、减少损失，保障人民群众的生命财产安全。

二、爆炸事故的应急处置

爆炸事故往往具有突发性和高破坏性，因此正确的应急处置对于减少人员伤亡、财产损失以及防止事故扩大至关重要，爆炸事故的应急处置流程包含以下几个方面。

1. 报告与警戒

一旦发生爆炸事故，现场人员应立即向上级主管部门报告，同时启动单位的应急预案。报告内容包括事故发生的时间、地点、规模、伤亡情况、爆炸物种类及可能的后续影响等。在报告的同时，应立即设立警戒区域，禁止无关人员进入，防止事故扩大和二次伤害。

2. 切断泄漏源

对于由易燃易爆物质泄漏引发的爆炸事故，切断泄漏源是防止事故进一步扩大的关键。现场人员应根据事故情况，迅速关闭相关阀门、管道或设备，阻止泄漏物继续扩散。若泄漏源无法立即切断，应采取措施控制泄漏速度，减少泄漏量。

3. 灭火与隔离

在爆炸事故中，火灾往往伴随发生。因此，灭火工作至关重要。现场人员应根据火势大小和火源类型，选择合适的灭火器材进行灭火。同时，应隔离火源，防止火势蔓延。在灭火过程中，要确保人员安全，避免因灭火操作不当而造成新的伤害。

4. 人员疏散与救护

爆炸事故发生后，应立即组织人员疏散。疏散过程中要保持秩序，避免恐慌和混乱。对于受伤人员，应及时进行救护，包括止血、包扎、心肺复苏等。同时，应联系专业医疗救援队伍，将伤员送往医院接受进一步治疗。

5. 防止再次爆炸

爆炸事故中，可能存在多次爆炸的风险。因此，在应急处置过程中，要时刻关注现场情况，防止再次爆炸的发生。对于可能引发再次爆炸的隐患，如未燃尽的爆炸物、残留的可燃气体等，应及时进行处理。同时，要加强对现场的安全监控，确保处置工作的安全进行。

6. 现场清理与恢复

在爆炸事故得到控制后，应对现场进行清理。清理工作包括清除爆炸残留物、修复受损设施、恢复现场秩序等。在清理过程中，要注意保护现场证据，为事故调查提供依据。同时，要制订恢复计划，尽快恢复生产和生活秩序。

7. 事故调查与总结

爆炸事故应急处置结束后，应进行事故调查。调查的目的是查明事故原因、损失情况以及责任归属，为防范类似事故提供经验教训。在调查过程中，要收集相关证据和资料，分析事故发生的深层次原因。同时，要对应急处置过程进行总结，评估处置效果，找出不足之处，为今后的应急处置工作提供参考。

爆炸事故的应急处置是一项复杂而重要的工作，只有做好报告与警戒、切断泄漏源、灭火与隔离、人员疏散与救护、防止再次爆炸、现场清理与恢复以及事故调查与总结等方面的工作，才能有效地应对爆炸事故，减少人员伤亡和财产损失。

三、泄漏事故的应急处置

泄漏事故可能涉及各种危险物质，包括液体、气体或固体，这些物质一旦泄漏可能对人员、环境和设备造成严重威胁。因此，有效的应急处置是减少损失、保护人员安全的关键，以下是泄漏事故应急处置的主要环节。

1. 报告与切断事故源

在泄漏事故发生后，应立即向上级主管部门报告事故情况，并请求支援。同时，要迅速切断事故源，防止泄漏物质继续扩散。在报告和切断事故源的过程中，要保持信息畅通，确保各方能够及时了解事故进展和处置情况。

2. 了解环境评估风险

在泄漏事故发生时，首先要快速了解泄漏物质的性质、危害程度以及所处环境的特点。这包括评估泄漏物质是否具有易燃、易爆、有毒等特性，以及事故现场是否存在火源、高温等可能加剧事故风险的因素。基于这些信息，可以制定更为精准的应急处置方案。

3. 区域隔离人员疏散

为防止泄漏物质扩散，应迅速设立隔离区域，限制无关人员进入。同时，根据泄漏物质的危害性，组织现场人员有序疏散，确保人员安全。在疏散过程中，要提供清晰的指示和路线，确保人员能够迅速、安全地撤离。

4. 控制泄漏源

控制泄漏源是防止泄漏物质进一步扩散的关键。在应急处置过程中，应优先采取措施切断泄漏源，如关闭阀门、封堵漏洞等。同时，要利用吸附材料、围堰等设备收集泄漏物质，防止其流入下水道、河流等环境敏感区域。

5. 清除泄漏物质

对于已经泄漏的物质，应根据其性质选择合适的清除和处置方法。对于液体泄漏，可以使用吸附材料或泵吸设备进行清除；对于气体泄漏，应利用通风设备将有害气体排出室外。在处置过程中，要确保操作人员的安全防护，避免直接接触泄漏物质。

6. 应急抢险救援措施

在泄漏事故应急处置过程中，应随时准备应对可能出现的紧急情况。例如，若泄漏物质引发火灾或爆炸，应立即启动消防和救援程序，组织专业人员进行抢险救援。同时，要与相关部门保持密切联系，确保应急资源的及时调配和使用。

7. 防护与防止事故扩大

在整个应急处置过程中，要注重对人员的安全防护和对环境的保护。对于参与应急处置的人员，应提供必要的防护装备和培训，确保他们能够安全地进行操作。同时，要采取措施防止事故扩大，如加强现场监控、设立警戒线等。

8. 现场恢复与事故复查

在泄漏事故得到控制后，应对现场进行恢复和清理工作。这包括清除残留物、修复受损设备、恢复生产环境等。同时，要对事故进行复查，分析原因、总结经验教训，以便在今后的工作中加以改进。

泄漏事故的应急处置是一项复杂而重要的工作，只有做好报告与切断事故源、了解环境评估风险、区域隔离人员疏散、控制泄漏源、清除泄漏物质、应急抢险救援措施、防护与防止事故扩大、现场恢复与事故复查等方面的工作，才能最大程度地减少泄漏事故带来的损失和危害。

四、中毒事故的应急处置

中毒事故是一种突发性的紧急事件，可能由化学物质、有毒气体、有毒食物等引起。正确的应急处置对于挽救伤者生命、减轻中毒程度至关重要，中毒事故的应急处置流程主要包括以下环节。

1. 观察评估中毒程度

在中毒事故发生后，首要任务是观察并评估中毒者的中毒程度。这包括观察中毒者的症状表现，如是否出现恶心、呕吐、头晕、呼吸困难等，以及评估中毒者的意识状态、呼吸和心跳情况。根据评估结果，可以初步判断中毒的严重程度，为后续应急处置提供依据。

2. 呼叫急救并转移伤者

一旦发现中毒事故，应立即拨打急救电话，请求专业医疗救援队伍前往现场。同时，要根据中毒者的状况，采取适当的措施将其转移至安全区域，避免继续接触有毒物质。在转移过程中，要保持中毒者的呼吸道通畅，避免加重伤情。

3. 提供紧急救助措施

在等待专业救援队伍到达之前，可以采取一些紧急救助措施来缓解中毒者的症状。例如，对于化学物质中毒，可以尝试用清水冲洗接触部位；对于气体中毒，应迅速将中毒者移至通风良好、空气新鲜的地方。但需要注意的是，这些措施应根据具体情况而定，避免盲目操作造成二次伤害。

4. 收集中毒相关信息

在应急处置过程中，要注意收集中毒的相关信息。这包括中毒物质的种类、性质、来源等，以及中毒发生的时间、地点、环境等。这些信息对于后续的事故调查和分析至关重要，有助于查明事故原因并采取相应的预防措施。

5. 排除现场险情隐患

为了确保应急处置工作的安全进行，需要排除现场的险情隐患。这包括关闭可能导致进一步中毒的源头、切断电源等。同时，要设立警戒区域，防止无关人员进入现场，避免造成新的伤害。

6. 消除污染并安全洗消

中毒事故往往伴随着环境污染，因此需要进行消除污染和安全洗消工作。这包括对现场的有毒物质进行收集和处理，以及对被污染的物品和场所进行清洗和消毒。在洗消过程中，要选择合适的清洗剂和消毒方法，确保不会对环境造成二次污染。

7. 转运伤者至医疗机构

在专业救援队伍到达现场后，应将中毒者迅速转运至医疗机构进行进一步治疗。在转运过程中，要保持伤者的稳定，避免加重伤情。同时，要与医疗机构保持密切联系，提供中毒者的相关信息和病史，以便医生能够更快地制定治疗方案。

8. 后续医疗分析与报告

在中毒事故得到控制后，应对整个应急处置过程进行医疗分析和总结。这包括评估伤者的救治效果、分析中毒原因和预防措施等。同时，要向上级主管部门报告事故情况、应急处置过程和结果，以便上级部门能够及时了解事故进展并采取相应的措施。

中毒事故的应急处置是一项复杂而重要的工作，只有通过科学的观察评估、及时的呼叫急救、有效的紧急救助措施以及后续的消除污染和安全洗消工作，才能最大程度地减少中毒事故带来的损失和危害。

五、化学灼伤的应急处置

化学灼伤是指由于接触强酸、强碱或其他化学物质导致的皮肤或眼部损伤。正确的应急处置能够减轻伤害程度，避免进一步的并发症，以下是化学灼伤应急处置的主要步骤。

1. 迅速远离致伤源

一旦发生化学灼伤，应立即脱离致伤源，迅速离开泄漏或溅射区域。对于液体或气体泄漏，应迅速关闭阀门或使用适当的堵塞物进行控制。同时，确保通风良好，以减少有害气体吸入的风险。

2. 清水冲洗伤口

迅速用大量清水冲洗受伤部位，这是化学灼伤应急处理的关键步骤。清水冲洗能够有效去除附着在皮肤或眼睛上的化学物质，减少化学物质继续对皮肤或眼组织造成损害。冲洗时应保持水流温和，避免进一步刺激伤口。

3. 冰敷与消毒处理

冲洗伤口后，可使用冰块或冷敷物对伤口进行冰敷，以减轻疼痛和肿胀。但需注意，冰敷时间不宜过长，以免造成冻伤。冰敷后，应对伤口进行消毒处理，使用无菌纱布或棉签蘸取消毒液轻轻擦拭伤口周围，以防止细菌感染。

4. 涂抹烧伤药膏

在清洁和消毒伤口后，可涂抹适当的烧伤药膏。烧伤药膏有助于缓解疼痛、促进伤口愈合，并具有一定的抗菌作用。选择药膏时，应根据灼伤程度、伤口位置及个体情况，遵循医生的建议。

5. 口服或注射药物

根据灼伤程度和患者的身体状况，医生可能会建议口服或注射止痛药、抗生素等药物。这些药物能够缓解疼痛、预防或控制感染，促进患者康复。

6. 评估伤情与送医

在应急处理过程中，应持续观察伤者的病情变化。如灼伤面积较大、伤口较深或出现红肿、疼痛加剧等症状，应立即送医治疗。医生会根据伤情评估结果，采取进一步的治疗措施。

7. 预防感染与并发症

化学灼伤后，伤口容易受到细菌感染。因此，在康复期间，应注意保持伤口清洁干燥，避免沾水或接触污染物。同时，要定期更换敷料，遵循医生的用药指导，预防并发症的发生。

8. 康复期注意事项

康复期间，患者应保持充足的休息，避免剧烈运动或劳累过度。饮食应以清淡易消化为主，多摄入富含蛋白质和维生素的食物，促进伤口愈合。同时，要保持心情愉快，积极配合医生的治疗和康复建议。

化学灼伤应急处置需要及时、准确、全面，通过迅速远离致伤源、清水冲洗伤口、冰敷与消毒处理、涂抹烧伤药膏、口服或注射药物等措施，能够减轻伤害程度，为患者的康复创造有利条件。同时，在康复期间，患者应注意预防感染与并发症，保持良好的心态和生活习惯，以促进早日康复。

案例介绍

【案例 1】 2021 年 1 月 14 日 16 时 20 分左右，位于驻马店高新技术产业开发区的河南顺达新能源科技有限公司在 1# 水解保护剂罐进行保护剂扒出作业时，发生一起窒息事故，造成 4 人死亡， 3 人受伤，直接经济损失约 1010 万元。事故现场图片见图 4-3。

图 4-3　河南省驻马店市顺达新能源科技有限公司“1·14”较大窒息事故

【案例 2】 2021 年 2 月 26 日 16 时 19 分左右，位于湖北省仙桃市西流河化工园区的湖北仙隆化工股份有限公司（以下简称仙隆化工）硫化物精制车间复工复产过程中发生闪爆事故，造成 3 人死亡， 5 人受伤。事故的直接原因是仙隆化工在进行甲基硫化物蒸馏作业时，临时更换搅拌电机的减速机，致使搅拌停止，且未对蒸馏釜内物料进行冷却，造成蒸馏釜内甲基硫化物升温，导致甲基硫化物剧烈分解引发爆炸。事故现场图片见图 4-4。

图 4-4　湖北仙隆化工股份有限公司“2·26”爆炸事故

【案例 3】 2021 年 4 月 7 日 10 时许，上海龙净环保公司在安徽省滁州市定远县华塑热电厂脱硫制浆罐顶进行焊接堵漏作业时发生闪爆。截至 2021 年 4 月 7 日，该事故造成 6 名作业人员从罐顶（高约 5m）坠落，1 人当场死亡，5 人送医院抢救无效后死亡。

事故原因：脱硫制浆区电石渣浆液泵回流管道漏浆后，作业人员在浆液储罐顶部进行焊接作业，浆液储罐罐体内长时间聚积的乙炔和一氧化碳混合气体，遇到焊接作业时产生的金属火花发生闪爆。事故现场图片见图 4-5。

图 4-5 安徽定远县华塑热电厂“4·7”闪爆事故

习题

一、问答题

1. 危险化学品的发展趋势是什么？
2. 危险化学品事故类型及特点有哪些？
3. 危险化学品安全储存的关键要点有哪些？
4. 事故应急管理的过程，主要包括哪四个阶段？
5. 应急响应级别通常可分为哪几级？
6. 应急演练基本流程包括哪几个阶段？
7. 根据所学知识，阐述事故应急救援的响应程序。
8. 简述事故应急救援的基本任务。

二、思考题

1. 描述你认为的危险化学品安全现状及面临的主要挑战，并提出你的改进建议。

2. 分析爆炸和火灾事故在处理方式上的主要差异，并讨论为什么在特定情况下某些灭火方法是不适用的。

3. 从危险化学品的储存、运输到废弃物处理全过程，讨论如何实现更高级别的安全管理和监管机制。

4. 简述化工企业中火灾事故、爆炸事故、泄漏事故、中毒事故、化学灼伤等几种重大事故应急处置的区别。

项目五 化工承压设备的安全操作与管理

学习目标

知识目标

（1）掌握压力容器的分类及安全附件的基本知识。

（2）了解承压设备的安全检验的基本知识。

（3）熟悉承压设备的安全运行及安全管理。

能力目标

（1）具有正确使用承压设备的能力。

（2）初步具有承压设备安全事故预处理的能力。

素质目标

（1）培养安全第一的责任意识。

（2）培养严谨、细致的作风和团队合作精神。

任务一　安全操作与管理压力容器

在化工生产过程中需要用承压设备来储存、处理和输送大量的物料。由于物料的状态、物料的物理及化学性质不同以及采用的工艺方法不同，所用的承压设备也是多种多样的。在化工生产过程中使用的承压设备中，承压设备的数量多，工作条件复杂，危险性很大，承压设备状况的好坏对实现化工安全生产至关重要。因此必须加强对承压设备的安全管理。

一、压力容器的认识

一般情况下，压力容器是指具备下列条件的容器：

① 最高工作压力大于或等于0.1MPa（不含液体静压力，下同）；

② 内直径（非圆形截面指断面最大尺寸）大于或等于0.15m，且容积（V）大于或等于0.03m^3；

③ 盛装介质为气体、液化气体或最高工作温度高于或等于标准沸点的液体。

压力容器的设计、制造（组焊）、安装、改造、维护、使用、检验，均应当严格执行《固定式压力容器安全技术监察规程》（TSG 21—2016）的规定。

在化工生产过程中，为了有利于安全技术监督和管理，根据容器的压力高低、介质的危害程度以及在生产中的重要作用，将压力容器进行分类。压力容器的分类方法有如下3种。

1. 按工作压力分类

按压力容器的设计压力分为低压、中压、高压、超高压4个等级。

低压（代号L）容器　　0.1MPa$\leqslant p<$1.6MPa；
中压（代号M）容器　　1.6MPa$\leqslant p<$10.0MPa；
高压（代号H）容器　　10MPa$\leqslant p<$100MPa；
超高压（代号U）容器　　$p\geqslant$100MPa。

2. 按用途分类

按压力容器在生产工艺过程中的作用原理分为反应容器、换热容器、分离容器、储存容器。

（1）反应容器（代号R）　主要是用于完成介质的物理、化学反应的压力容器。如反应器、反应釜、分解锅、分解塔、聚合釜、高压釜、超高压釜、合成塔、变换炉、蒸煮锅、蒸球、蒸压釜、煤气发生炉等。

（2）换热容器（代号E）　主要是用于完成介质热量交换的压力容器。如管壳式废热锅炉、热交换器、冷却器、冷凝器、蒸发器、加热器、消毒锅、染色器、蒸炒锅、预热锅、蒸锅、蒸脱机、电热蒸气发生器、煤气发生炉水夹套等。

（3）分离容器（代号S）　主要是用于完成介质的流体压力平衡缓冲和气体净化分离等的压力容器。如分离器、过滤器、集油器、缓冲器、洗涤器、吸收塔、干燥塔、汽提塔、分汽缸、除氧器等。

（4）储存容器（代号C，其中球罐代号B）　主要是盛装生产用的原料气体、液体、液化气体等的压力容器。如各种类型的储罐。

在一种压力容器中，如同时具备两个以上的工艺作用原理时，应按工艺过程中的主要作用来划分。

3. 按危险性和危害性分类

（1）一类压力容器　包括非易燃或无毒介质的低压容器，易燃或有毒介质的低压分离容器和换热容器。

（2）二类压力容器　包括任何介质的中压容器，易燃介质或毒性程度为中度危害介质的低压反应容器和储存容器，毒性程度为极度和高度危害介质的低压容器，低压管壳式余热锅炉，低压搪玻璃压力容器。

（3）三类压力容器　包括毒性程度为极度和高度危害介质的中压容器和pV（设计压力×容积）$\geqslant$0.2MPa·m^{3}的低压容器；易燃或毒性程度为中度危害介质且$pV\geqslant$0.5MPa·m^{3}的中压反应容器；$pV\geqslant$10MPa·m^{3}的中压储存容器；高压、中压管壳式余热锅炉；中压搪玻璃压力容器；容积$V\geqslant$5m^{3}的球形储罐，容积V大于5m^{3}的低温绝热压力容器；高压容器。

二、压力容器的安全使用

（一）压力容器的技术安全管理

为了确保压力容器的安全运行，必须加强对压力容器的技术安全管理，及时消除隐患，防患于未然，不断提高其安全可靠性。根据《特种设备安全监察条例》和《固定式压力容器安全技术监察规程》（TSG 21—2016）的规定。

要做好压力容器的安全技术管理工作，首先要从组织上保证。这就要求企业要有专门的机构，并配备专业人员即具有压力容器专业知识的工程技术人员负责压力容器的技术管理及安全监察工作。

压力容器的安全技术管理工作内容主要有：贯彻执行有关压力容器的安全技术规程；编制压力容器的安全管理规章制度，依据生产工艺要求和容器的技术性能制定压力容器的安全操作规程；参与压力容器的入厂检验、竣工验收及试车；检查压力容器的运行、维修和压力附件校验情况；压力容器的校验、修理、改造和报废等技术审查；编制压力容器的年度定期检修计划，并负责组织实施；向主管部门和当地劳动部门报送当年的压力容器的数量和变动情况统计报表、压力容器定期检验的实施情况及存在的主要问题；压力容器的事故调查分析和报告，检验、焊接和操作人员的安全技术培训管理和压力容器使用登记及技术资料管理。压力容器的技术安全管理主要包括以下两方面。

1. 建立压力容器的安全技术档案

压力容器的安全技术档案是正确使用压力容器的主要依据，它可以使我们全面掌握压力容器的情况，摸清压力容器的使用规律，防止发生事故。压力容器调入或调出时，其技术档案必须随同压力容器一起调入或调出。技术资料不齐全的压力容器，使用单位应对其所缺项目进行补充。

压力容器的安全技术档案应包括：压力容器的产品合格证，质量证明书，登记卡片，设计、制造、安装技术等原始的技术文件和资料，检查鉴定记录，验收单，检修方案及实际检修情况记录，运行累计时间表，年运行记录，理化检验报告，竣工图以及中高压反应容器和储运容器的主要受压元件强度计算书等。

2. 对压力容器使用单位及人员的要求

压力容器的使用单位，在压力容器投入使用前，应按《特种设备安全监察条例》的要求，向直辖市或设区的市的特种设备安全监督管理部门申报和办理使用登记手续。

压力容器使用单位，应在工艺操作规程中明确提出压力容器安全操作要求。其内容至少应当包括：

① 压力容器的操作工艺指标（含最高工作压力、最高或最低工作温度）；

② 压力容器的岗位操作法（含开、停车的操作程序和注意事项）；

③ 压力容器运行中应当重点检查的项目和部位，运行中可能出现的异常现象和防止措施，以及紧急情况的处置和报告程序。

压力容器使用单位应当对压力容器及其安全附件、安全保护装置、测量调控装置、附属仪器仪表进行经常性日常维护保养，对发现的异常情况，应当及时处理并且记录。

压力容器使用单位要认真组织好压力容器的年度检查工作，年度检查至少包括压力容器安全管理情况检查、压力容器本体及运行状况检查和压力容器安全附件检查等。对年度检查中发现的安全隐患要及时消除。年度检查工作可以由压力容器使用单位的专业人员进行，也可以委托有资质的特种设备检验机构进行。

压力容器使用单位应当对出现故障或者发生异常情况的压力容器及时进行全面检查，消除事故隐患；对存在严重事故隐患，无改造、维修价值的压力容器，应当及时予以报废，并办理注销手续。

对于已经达到设计寿命的压力容器，如果要继续使用，使用单位应当委托有资质的特种设备检验机构对其进行全面检验（必要时进行安全评估），经使用单位主要负责人批准后，方可继续使用。

压力容器内部有压力时，不得进行任何维修。对于特殊的生产工艺过程，需要带温带压紧固螺栓时，或出现紧急泄漏需进行带压堵漏时，使用单位应当按设计规定提出有效的操作要求和防护措施，作业人员应当经过专业培训并且持证操作，且须经过使用单位技术负责人批准。在实际操作时，使用单位安全生产管理部门应当派人进行现场监督。

以水为介质产生蒸汽的压力容器，必须做好水质管理和监测，没有可靠的水处理措施，不应投入运行。

运行中的压力容器，还应保持容器的防腐、保温、绝热、静电接地等设施完好。

压力容器检验、维修人员在进入压力容器内部进行工作前，使用单位应当按《压力容器定期检验规则》的要求，做好准备和清理工作。达不到要求时，严禁人员进入。

压力容器使用单位应当对压力容器作业人员定期进行安全教育与专业培训，并做好记录，保证作业人员具备必要的压力容器安全作业知识、作业技能，及时进行知识更新，确保作业人员掌握操作规程及事故应急措施，按章作业。压力容器的作业人员应当持证上岗。

压力容器发生下列异常现象之一时，操作人员应立即采取紧急措施，并且按规定的报告程序，及时向有关部门报告。

① 压力容器工作压力、介质温度或壁温超过规定值，采取措施仍不能得到有效控制。

② 压力容器主要受压元件发生裂缝、鼓包、变形、泄漏等危及安全的现象。

③ 安全附件失灵。

④ 垫片、紧固件损坏，难以保证安全运行。

⑤ 发生火灾等直接威胁到压力容器安全运行。

⑥ 过量充装。

⑦ 压力容器液位异常，采取措施仍不能得到有效控制。

⑧ 压力容器与管道发生严重振动，危及运行安全。

⑨ 低温绝热压力容器外壁局部存在严重结冰，介质压力和温度明显上升。

⑩ 其他异常情况。

（二）压力容器的安全检验

压力容器的定期检验是指在压力容器使用的过程中，每隔一定期限采用各种适当而有效的方法，对容器的各个承压部件和安全装置进行检验。通过检验，发现容器存在的缺陷，使它们在还没有危及容器安全之前即被消除或采取适当措施进行特殊监护，以防压力容器在运行中发生事故。压力容器在生产中不仅长期承受压力，而且还受到介质的腐蚀或高温流体的冲刷磨损，以及操作压力、温度波动的影响。因此，在使用过程中会产生缺陷。有些压力容器在设计、制造和安装过程中存在着一些原有缺陷，这些缺陷将会在使用中进一步扩展。

显然，无论是原有缺陷，还是在使用过程中产生的缺陷，如果不能及早发现或消除，任其发展扩大，势必在使用过程中导致严重爆炸事故。压力容器实行定期检验，是及时发现缺陷、消除隐患，保证压力容器安全运行的重要的必不可少的措施。

1. 定期安全检验的要求

压力容器的使用单位，必须认真安排压力容器的定期检验工作，按照《在用压力容器检验规程》的规定，由取得检验资格的单位和人员进行检验。并将年检计划报主管部门和当地的锅炉压力容器安全监察机构，锅炉压力容器安全监察机构负责监督检查。

2. 定期安全检验的内容

（1）外部检验　指专业人员在压力容器运行中定期的在线检验。检验的主要内容是：压力容器及其管道的保温层、防腐层、设备铭牌是否完好；外表面有无裂纹、变形、腐蚀和局部鼓包；所有焊缝、承压元件及连接部位有无泄漏；安全附件是否齐全、可靠、灵活好用；承压设备的基础有无下沉、倾斜，地脚螺丝、螺母是否齐全完好；有无振动和摩擦；运行参数是否符合安全技术操作规程；运行日志与检修记录是否保存完整。

（2）内外部检验　指专业检验人员在压力容器停机时的检验。检验内容除外部检验的全部内容外，还包括以下内容的检验：腐蚀、磨损、裂纹、衬里情况、壁厚测量、金相检验、化学成分分析和硬度测定。

（3）全面检验　全面检验除内、外部检验的全部内容外，还包括焊缝无损探伤和耐压试验。焊缝无损探伤长度一般为容器焊缝总长的20%。耐压试验是承压设备定期检验的主要项目之一，目的是检验设备的整体强度和致密性。绝大多数承压设备进行耐压试验时用水作介质，故常常把耐压试验称为水压试验。

外部检查和内外部检验内容及安全状况等级（共分5级）的评定，见《压力容器定期检验规则》。

3. 定期安全检验的周期

压力容器的检验周期应根据容器的制造和安装质量、使用条件、维护保养等情况，由企业依据《压力容器定期检验规则》自行确定。

一般情况下，使用单位应按规定至少对在用压力容器进行一次年度检查。

压力容器一般应当于投用后3年内进行首次定期检验。下次的检验周期，由检验机构根据压力容器的安全状况等级，按照以下要求确定：

① 安全状况等级为1、2级的，一般每6年检验一次；

② 安全状况等级为3级的，一般3～6年检验一次；

③ 安全状况等级为4级的，应当监控使用，其检验周期由检验机构确定，累计监控使用时间不得超过3年，在监控使用期间，使用单位应当制定有效的监控措施；

④ 安全状况等级为5级的，应当对缺陷进行处理，否则不得继续使用。

有以下情况之一的压力容器，定期检验周期应当适当缩短：

① 介质对压力容器材料的腐蚀情况不明或者介质对材料的腐蚀情况异常的；

② 材料表面质量差或者内部有缺陷的；

③ 使用条件恶劣或者使用中发现应力腐蚀现象的；

④ 改变使用介质并且可能造成腐蚀现象恶化的；

⑤ 介质为液化石油气并且有应力腐蚀现象的；

⑥ 使用单位没有按规定进行年度检查的；

⑦ 检验中对其他影响安全的因素有怀疑的。

使用标准抗拉强度下限值大于或者等于 540MPa 低合金钢制造的球形贮罐，投用一年后应当开罐检验。

安全状况等级为 1、2 级的压力容器，符合以下条件之一的，定期检验周期可以适当延长：

① 聚四氟乙烯衬里层完好，其检验周期最长可以延长至 9 年。

② 介质对材料腐蚀速率每年低于 0.1mm（实测数据）、有可靠的耐腐蚀金属衬里（复合钢板）或者热喷涂金属（铝粉或者不锈钢粉）涂层，通过 1～2 次全面检验确认腐蚀轻微或者衬里完好的，其检验周期最长可以延长至 12 年。

③ 装有催化剂的反应容器以及装有充填物的大型压力容器，其检验周期根据设计文件和实际使用情况由使用单位、设计单位和检验机构协商确定，报使用登记机关（即办理《使用登记证》的质量技术监督部门）备案。

对无法进行定期检验或者不能按期进行定期检验的压力容器，按如下规定进行处理：

① 设计文件已经注明无法进行定期检验的压力容器，由使用单位提出书面说明，报使用登记机关备案；

② 因情况特殊不能按期进行定期检验的压力容器，由使用单位提出申请并且经过使用单位主要负责人批准，征得原检验机构同意，向使用登记机关备案后，可延期检验，或者由使用单位提出申请，按照《固定式压力容器安全技术监察规程》（TSG 21—2016）第 8.10 条的规定办理。

对无法进行定期检验或者不能按期进行定期检验的压力容器，使用单位均应当采取有效的监控与应急管理措施。

（三）压力容器的安全附件

安全附件是承压设备安全、经济运行不可缺少的一个组成部分。根据压力容器的用途、工作条件、介质性质等具体情况选用必要的安全附件，可提高压力容器的可靠性和安全性。

1. 安全泄压装置

压力容器在运行过程中，由于种种原因，可能出现器内压力超过它的最高许用压力（一般为设计压力）的情况。为了防止超压，确保压力容器安全运行，一般都装有安全泄压装置，以自动、迅速地排出容器内的介质，使容器内压力不超过它的最高许用压力。压力容器常见的安全泄压装置有安全阀和爆破片。

（1）安全阀　压力容器在正常工作压力运行时，安全阀保持严密不漏；当压力超过设定值时，安全阀在压力作用下自行开启，使容器泄压，以防止容器或管线的破坏；当容器压力泄至正常值时，它又能自行关闭，停止泄放。

① 安全阀的种类。安全阀按其整体结构及加载机构形式来分，常用的有弹簧式和杠杆式两种。它们是利用杠杆与重锤或弹簧弹力的作用，压住容器内的介质，当介质压力超过杠杆与重锤或弹簧弹力所能维持的压力时，阀芯被顶起，介质向外排放，器内压力迅速降低；当器内压力小于杠杆与重锤或弹簧弹力后，阀芯再次与阀座闭合。

弹簧式安全阀的加载装置是一个弹簧，通过调节螺母，可以改变弹簧的压缩量，调整阀瓣对阀座的压紧力，从而确定其开启压力的大小。弹簧式安全阀结构紧凑，体积小，动作灵敏，对震动不太敏感，可以装在移动式容器上，缺点是阀内弹簧受高温影响时，弹性有所降低。

杠杆式安全阀靠移动重锤的位置或改变重锤的质量来调节安全阀的开启压力。它具有结构简单、调整方便、比较准确以及适应较高温度的优点。但杠杆式安全阀结构比较笨重，难以用于高压容器上。

② 安全阀的选用。《固定式压力容器安全技术监察规程》（TSG 21—2016）规定，安全阀的制造单位，必须有国家劳动部颁发的制造许可证才可制造。产品出厂应有合格证，合格证上应有质量检查部门的印章及检验日期。

安全阀的选用应根据容器的工艺条件及工作介质的特性，从安全阀的安全泄放量、加载机构、封闭机构、气体排放方式、工作压力范围等方面考虑。

安全阀的排放量是选用安全阀的关键因素，安全阀的排放量必须不小于容器的安全泄放量。

从气体排放方式来看，对盛装有毒、易燃或污染环境的介质容器应选用封闭式安全阀。

③ 安全阀的安装。安全阀应垂直向上安装在压力容器本体的液面以上气相空间部位，或与连接在压力容器气相空间上的管道相连接。安全阀确实不便装在容器本体上，而用短管与容器连接时，则接管的直径必须大于安全阀的进口直径，接管上一般禁止装设阀门或其他引出管。压力容器一个连接口上装设数个安全阀时，则该连接口入口的面积，至少应等于数个安全阀的面积总和。压力容器与安全阀之间，一般不宜装设中间截止阀门，对于盛装易燃而毒性程度为极度、高度、中高度危害或黏性介质的容器，为便于安全阀更换、清洗，可装截止阀，但截止阀的流通面积不得小于安全阀的最小流通面积，并且要有可靠的措施和严格的制度，以保证在运行中截止阀保持全开状态并加铅封。

选择安装位置时，应考虑到安全阀的日常检查、维护和检修的方便。安装在室外露天的安全阀要有防止冬季阀内水分冻结的可靠措施。装有排气管的安全阀，排气管的最小截面积应大于安全阀内的出口截面积，排气管应尽可能短而直，并且不得装阀。安装杠杆式安全阀时，必须使它的阀杆保持在铅垂的位置。所有进气管、排气管连接法兰的螺栓必须均匀上紧，以免阀体产生附加应力，破坏阀体的同心度，影响安全阀的正常动作。

④ 安全阀的维护和检验。安全阀在安装前应由专业人员进行水压试验和气密性试验，经试验合格后进行调整校正。安全阀的开启压力不得超过容器的设计压力。校正调整后的安全阀应进行铅封。

要使安全阀动作灵敏可靠和密封性能良好，必须加强日常维护检查。安全阀应经常保持清洁，防止阀体弹簧等被油垢脏物所污染或被腐蚀。还应经常检查安全阀的铅封是否完好。气温过低时，有无冻结的可能性，检查安全阀是否有泄漏。对杠杆式安全阀，要检查其重锤是否松动或被移动等。如发现缺陷，要及时校正或更换。

安全阀要定期检验，每年至少校验一次。

2. 爆破片

爆破片又称防爆片、防爆膜、防爆板，是一种断裂型的安全泄压装置。爆破片具有密封性能好，反应动作快以及不易受介质中黏污物的影响等优点。但它是通过膜片的断裂来卸压的，所以卸压后不能继续使用，容器也被迫停止运行，因此它只是在不宜安装安全阀的压力容器上使用。例如：存在爆燃或异常反应而压力倍增，安全阀由于惯性来不及动作；介质昂贵且剧毒，不允许任何泄漏；运行中会产生大量沉淀或粉状黏附物，妨碍安全阀动作。

爆破片的结构比较简单。它的主零件是一块很薄的金属板，用一副特殊的管法兰夹持着装入容器引出的短管中，也有把膜片直接与密封垫片一起放入接管法兰的。容器在正常运行时，爆破片虽可能有较大的变形，但它能保持严密不漏。当容器超压时，膜片即断裂排泄介质，避免容器因超压而发生爆炸。

爆破片的设计压力一般为工作压力的 1.25 倍，对压力波动幅度较大的容器，其设计爆破压力还要相应大一些。但在任何情况下，爆破片的爆破压力都不得大于容器设计压力。一般爆破片材料的选择、膜片的厚度以及采用的结构形式，均是经过专门的理论计算和试验测试而定的。

运行中应经常检查爆破片法兰连接处有无泄漏，爆破片有无变形。通常情况下，爆破片应每年更换一次，发生超压而未爆破的爆破片应该立即更换。

3. 压力表

压力表是测量压力容器中介质压力的一种计量仪表。压力表的种类较多，按它的作用原理和结构，可分为液柱式、弹性元件式、活塞式和电量式四大类。压力容器大多使用弹性元件式的单弹簧管压力表。

（1）压力表的选用　压力表应该根据被测压力的大小、安装位置的高低、介质的性质（如温度、腐蚀性等）来选择精度等级、最大量程、表盘大小以及隔离装置。

装在压力容器上的压力表，其表盘刻度极限值应为容器最高工作压力的 1.5～3 倍，最好为 2 倍。压力表量程越大，允许误差的绝对值也越大，视觉误差也越大。按容器的压力等级要求，低压容器一般不低于 2.5 级，中压及高压容器不应低于 1.5 级。为便于操作人员能清楚准确地看出压力指示，压力表盘直径不能太小。在一般情况下，表盘直径不应小于 100mm。如果压力表距离观察地点远，表盘直径增大，距离超过 2m 时，表盘直径最好不小于 150mm；距离超过 5m 时，不要小于 250mm。超高压容器压力表的表盘直径应不小于 150mm。

（2）压力表的安装　安装压力表时，为便于操作人员观察，应将压力表安装在最醒目的地方，并要有充足的照明，同时要注意避免受辐射热、低温及震动的影响。装在高处的压力表应稍微向前倾斜，但倾斜角不要超过 30°。压力表接管应直接与容器本体相接。为了便于卸换和校验压力表，压力表与容器之间应装设三通旋塞。旋塞应装在垂直的管段上，并要有开启标志，以便核对与更换。蒸汽容器，在压力表与容器之间应装有存水弯管。盛装高温、强腐蚀及凝结性介质的容器，在压力表与容器连接管路上应装有隔离缓冲装置，使高温或腐蚀介质不和弹簧弯管直接接触，依据液体的腐蚀性选择隔离液。

（3）压力表的使用　使用中的压力表应根据设备的最高工作压力，在它的刻度盘上画明警戒红线，但注意不要涂画在表盘玻璃上，一则会产生很大的视差，二则玻璃转动导致红线位置发生变化使操作人员产生错觉，造成事故。压力表应保持洁净，表盘上玻璃要明亮透明，使表内指针指示的压力值能清晰可见。压力表的接管要定期吹洗。在容器运行期间，如发现压力表指示失灵、刻度不清、表盘玻璃破裂、泄压后指针不回零位、铅封损坏等情况，应立即校正或更换。

压力表的维护和校验应符合国家计量部门的有关规定。压力表安装前应当进行校验，在用压力表一般每 6 个月校验一次。通常压力表上应有校验标记，注明下次校验日期或校验有效期。校验后的压力表应加铅封。未经检验合格和无铅封的压力表均不准安装使用。

4. 液位计

液位计是压力容器的安全附件。一般压力容器的液位显示多用玻璃板液位计。石油化工装置的压力容器，如各类液化石油气体的储存压力容器，选用各种不同作用原理、构造和性能的液位指示仪表。介质为粉体物料的压力容器，多数选用放射性同位素料位仪表，指示粉体的料位高度。

不论选用何种类型的液位计或仪表，均应符合《固定式压力容器安全技术监察规程》（TSG 21—2016）规定的安全要求，主要有以下几方面。

① 应根据压力容器的介质、最高工作压力和温度正确选用。

② 在安装使用前，低、中压容器液位计应进行 1.5 倍液位计公称压力的水压试验，高压容器液位计应进行 1.25 倍液位计公称压力的水压试验。

③ 盛装 0℃以下介质的压力容器，应选用防霜液位计。

④ 寒冷地区室外使用的液位计，应选用夹套型或保温型结构的液位计。

⑤ 易燃且毒性程度为极度、高度危害介质以及液化气体压力容器上的液位计，应采用板式或自动液位指示计，并应有防止泄漏的保护装置。

⑥ 要求液面指示平稳的，不应采用浮子（标）式液位计。

⑦ 液位计应安装在便于观察的位置。如液位计的安装位置不便于观察，则应增加其他辅助设施。大型压力容器还应有集中控制的设施和警报装置。液位计的最高和最低安全液位，应做出明显的标记。

⑧ 压力容器操作人员，应加强液位计的维护管理，经常保持完好和清晰。应对液位计实行定期检修制度，使用单位可根据实际运行情况，在管理制度中作出具体规定。

⑨ 液位计有下列情况之一的，应停止使用：超过检验周期；玻璃板（管）有裂纹、破碎；阀件固死；经常出现假液位。

⑩ 使用放射性同位素料位检测仪表，应严格执行国务院发布的《放射性同位素与射线装置安全和防护条例》的规定，采取有效保护措施，防止使用现场有放射危害。

另外，化工生产过程中，有些反应压力容器和贮存压力容器还装有液位检测报警、温度检测报警、压力检测报警及联锁等，既是生产监控仪表，也是压力容器的安全附件，都应该按有关规定的要求，加强管理。

（四）压力容器安全操作与维护

压力容器设计的承压能力、耐蚀性能和耐高低温性能是有条件、有限度的。操作的任何失误都会使压力容器过早失效甚至酿成事故。国内外压力容器事故统计资料显示，因操作失误引发的事故占 50%以上。特别是在化工新产品不断开发、容器日趋大型化、高参数和中高强度钢广泛应用的条件下，更应重视因操作失误引起的压力容器事故。

1. 压力容器操作与维护

① 应从工艺操作上制定措施，保证压力容器的安全经济运行。例如完善操作规定，通过工艺改革，适当降低工作温度和工作压力等。

② 应加强防腐蚀措施，如喷涂防腐层、加衬里，添加缓蚀剂，改进净化工艺，控制腐

蚀介质含量等。

③ 根据存在缺陷的部位和性质，采用定期或状态监测手段，查明缺陷有无发展及发展程度，以便采取措施。

2. 异常情况处理

为了确保生产安全，压力容器在运行中，如发现下列任何一种情况都应停止运行。

① 容器工作压力、工作壁温、有害物质浓度超过操作规程规定的允许值，经采取紧急措施仍不能下降时；

② 容器受压元件发生裂纹、鼓包、变形或严重泄漏等，危及安全运行时；

③ 安全附件失灵，无法保证容器安全运行时；

④ 紧固件损坏、接管断裂，难以保证安全运行时；

⑤ 容器本身、相邻容器或管道发生火灾、爆炸或有毒、有害介质外溢，直接威胁容器安全运行时。

在压力容器异常情况处理时，必须克服侥幸心理和短期行为，应谨慎、全面地考虑事故的潜在性和突发性。

任务二　安全使用与管理气瓶

一、气瓶的认识

在正常环境下（－40～60℃）可重复充气使用的，公称工作压力为 1.0～30MPa（表压），公称容积为 0.4～1000L 的盛装永久气体、液化气体或溶解气体的移动式压力容器称之为气瓶。

（一）气瓶的分类

1. 按瓶装介质分类

瓶装气体介质分为以下几种。

(1) 压缩气体　压缩气体是指在－50℃时加压后完全是气态的气体，包括临界温度(critical temperature）低于或者等于－50℃的气体，也称永久气体。如氢、氧、氮、空气、燃气及氩、氦、氖、氪等。

(2) 高（低）压液化气体　高（低）压液化气体是指在温度高于－50℃时加压后部分是液态的气体，包括临界温度在－50～65℃的高压液化气体和临界温度高于 65℃的低压液化气体。

高压液化气体如乙烯、乙烷、二氧化碳、六氟化硫、氯化氢、三氟甲烷（R-23）、六氟乙烷（R-116）、氟乙烯等。

低压液化气体如溴化氢、硫化氢、氨、丙烷、丙烯、异丁烯、丁二烯、1,3-丁二烯、环氧乙烷、液化石油气等。

(3) 低温液化气体　低温液化气体是指经过深冷低温处理而部分呈液态的气体，临界温度一般低于或者等于－50℃，也称为深冷液化或冷冻液化气体。

（4）溶解气体　溶解气体是指在一定的压力、温度条件下溶解于溶剂中的气体，如乙炔。由于乙炔气体极不稳定，故必须把它溶解在溶剂（常见的为丙酮）中。气瓶内装满多孔性材料，以吸收溶剂。

（5）吸附气体　吸附气体是指在一定的压力、温度条件下吸附于吸附剂中的气体。

2. 按制造方法分类

（1）钢制无缝气瓶　以钢坯为原料，经冲压拉伸制造，或以无缝钢管为材料，经热旋压收口收底制造的钢瓶。瓶体材料采用碱性平炉、电炉或氧气转炉冶炼的镇静钢，如优质碳钢、锰钢、铬钼钢或其他合金钢。这类气瓶用于盛装压缩气体和高压液化气体。

（2）钢制焊接气瓶　以钢板为原料，经冲压卷焊制造的钢瓶。瓶体及受压元件材料采用平炉、电炉或氧气转炉冶炼的镇静钢，要求有良好的冲压和焊接性能。这类气瓶用于盛装低压液化气体。

（3）缠绕玻璃纤维气瓶　是以玻璃纤维加黏结剂缠绕或碳纤维制造的气瓶。一般有一个铝制内筒，其作用是保证气瓶的气密性，承压强度则依靠玻璃纤维缠绕的外筒。这类气瓶由于绝热性能好、重量轻，多用于盛装呼吸用压缩空气，供消防、毒区或缺氧区域作业人员随身背挎并配以面罩使用。一般容积较小（1～10L），充气压力多为15～30MPa。

3. 按公称工作压力分类

气瓶按照公称工作压力分为高压气瓶与低压气瓶。

（1）高压气瓶　高压气瓶是指公称工作压力大于或者等于10MPa的气瓶。

（2）低压气瓶　低压气瓶是指公称工作压力小于10MPa的气瓶。

4. 按公称容积分类

气瓶按照公称容积分为小容积气瓶、中容积气瓶、大容积气瓶。

（1）小容积气瓶　小容积气瓶是指公称容积小于或者等于12L的气瓶。

（2）中容积气瓶　中容积气瓶是指公称容积大于12L并且小于或者等于150L的气瓶。

（3）大容积气瓶　大容积气瓶是指公称容积大于150L的气瓶。

钢瓶公称容积和公称直径见表5-1。

表5-1　钢瓶公称容积和公称直径

公称容积 VG/L	10	16	25	40	50	60	80	100	150	120	404	600	800	1000
公称直径 DN/mm	200			250		300			400		600		800	

（二）气瓶的安全附件

1. 安全泄压装置

气瓶的安全泄压装置，是为了防止气瓶在遇到火灾等高温时，瓶内气体受热膨胀而发生破裂爆炸。

气瓶常见的泄压附件有爆破片和易熔塞。

爆破片装在瓶阀上，其爆破压力略高于瓶内气体的最高温升压力。爆破片多用于高压气瓶上，有的气瓶不装爆破片。

易熔塞一般装在低压气瓶的瓶肩上，当周围环境温度超过气瓶的最高使用温度时，易熔塞的易熔合金熔化，瓶内气体排出，避免气瓶爆炸。

2. 其他附件（防震圈、瓶帽、瓶阀）

（1）防震圈　气瓶装有两个防震圈，是气瓶瓶体的保护装置。气瓶在充装、使用、搬运过程中，常常会因滚动、震动、碰撞而损伤瓶壁，以致发生脆性破坏。这是气瓶发生爆炸事故常见的一种直接原因。

（2）瓶帽　瓶阀的防护装置，它可避免气瓶在搬运过程中因碰撞而损坏瓶阀，保护出气口螺纹不被损坏，防止灰尘、水分或油脂等杂物落入阀内。

（3）瓶阀　控制气体出入的装置，一般是用黄铜或钢制造。充装可燃气体的钢瓶的瓶阀，其出气口螺纹为左旋，盛装助燃气体的气瓶，其出气口螺纹为右旋。瓶阀的这种结构可有效地防止可燃气体与非可燃气体的错装。

（三）气瓶的颜色标记

国家标准《气瓶颜色标志》（GB/T 7144—2016）对气瓶的颜色、字样和色环做了严格的规定。常见气瓶的颜色见表 5-2。

表 5-2　常见气瓶的颜色

<table>
<tr><th>序号</th><th>气瓶名称</th><th>化学式</th><th>外表面颜色</th><th>字样</th><th>字样颜色</th><th>色环</th></tr>
<tr><td>1</td><td>氢</td><td>H_2</td><td>淡绿</td><td>氢</td><td>大红</td><td>$p=20$MPa，大红单环
$p\geqslant30$MPa，大红双环</td></tr>
<tr><td>2</td><td>氧</td><td>O_2</td><td>淡蓝</td><td>氧</td><td>黑</td><td>$p=20$MPa，白色单环
$p\geqslant30$MPa，白色双环</td></tr>
<tr><td>3</td><td>氨</td><td>NH_3</td><td>淡黄</td><td>液氨</td><td>黑</td><td></td></tr>
<tr><td>4</td><td>氯</td><td>Cl_2</td><td>深绿</td><td>液氯</td><td>白</td><td></td></tr>
<tr><td>5</td><td>空气</td><td>Air</td><td>黑</td><td>空气</td><td>白</td><td rowspan="2">$p=20$MPa，白色单环
$p\geqslant30$MPa，白色双环</td></tr>
<tr><td>6</td><td>氮</td><td>N_2</td><td>黑</td><td>氮</td><td>白</td></tr>
<tr><td>7</td><td>二氧化碳</td><td>CO_2</td><td>铝白</td><td>液化二氧化碳</td><td>黑</td><td>$p=20$MPa，黑色单环</td></tr>
<tr><td>8</td><td>乙烯</td><td>C_2H_4</td><td>棕</td><td>液化乙烯</td><td>淡黄</td><td>$p=15$MPa，白色单环
$p=20$MPa，白色双环</td></tr>
<tr><td>9</td><td>乙炔</td><td>C_2H_2</td><td>白</td><td>乙炔不可近火</td><td>大红</td><td></td></tr>
</table>

二、气瓶的安全管理及使用

（一）气瓶的定期检验

气瓶使用单位应主动积极地配合充装单位对气瓶进行定期检验，气瓶应在检验有效期内使用。

1. 钢质无缝气瓶

钢质无缝气瓶定期检验的周期为：盛装惰性气体的气瓶，每5年检验1次；盛装腐蚀性气体的气瓶、潜水气瓶以及常与海水接触的气瓶，每两年检验1次；盛装一般性气体的气瓶，每3年检验1次。使用年限超过30年的气瓶应予报废处理。

2. 钢质焊接气瓶

钢质焊接气瓶定期检查的周期为：盛装一般气体的气瓶，每3年检验1次，使用年限超过30年应报废；盛装腐蚀性气体的气瓶，每两年检验1次，使用年限超过12年应予报废。

3. 铝合金无缝气瓶

铝合金无缝气瓶定期检查的周期为：盛装惰性气体的气瓶，每5年检验1次；盛装腐蚀性气体的气瓶或在腐蚀性介质（如海水等）环境中使用的气瓶，每两年检验1次；盛装其他气体的气瓶，每3年检验1次。

（二）气瓶的储存

① 应置于专用仓库储存，气瓶仓库应符合《建筑设计防火规范》的有关规定。

② 仓库内不得有地沟、暗道，严禁明火和其他热源，仓库内应通风、干燥，避免阳光直射、雨水淋湿，尤其是当夏季雨水较多时，应谨防仓库内积水，腐蚀钢瓶。

③ 空瓶与实瓶应分开放置，并有明显的标志，毒性气体气瓶和瓶内气体相互接触能引起燃烧、爆炸，产生毒物的气瓶应分室存放并在附近设置防毒用具或灭火器材。

④ 气瓶放置应整齐，佩戴好瓶帽，立放时应妥善固定，横放时头部朝同一方向。

⑤ 盛装发生聚合反应或分解反应气体的气瓶，必须根据气体的性质控制仓库内的最高温度，规定储存期限，并应避开放射线源。

（三）气瓶的安全使用

① 采购和使用有制造许可证的企业的合格产品，不使用超期未检验的气瓶。

② 用户应到已办理充装注册的单位或经销注册的单位购气，自备瓶应由充装注册单位委托管理，实行固定充装。

③ 气瓶使用前应进行安全状况检查，对盛装气体进行确认，不符合安全技术要求的气瓶严禁入库和使用，使用时必须严格按照使用说明书的要求使用气瓶。

④ 气瓶的放置点，不得靠近热源和明火，应保证气瓶瓶体干燥，可燃、助燃气体瓶与明火的距离一般不小于10m。

⑤ 气瓶立放时，应采取防倾倒的措施。

⑥ 夏季应防止暴晒。

⑦ 严禁敲击、碰撞。

⑧ 严禁在气瓶上进行电焊引弧。

⑨ 严禁用温度超过40℃的热源对气瓶加热，瓶阀发生冻结时严禁用火烤。

⑩ 瓶内气体不得用尽，必须留有剩余压力或重量，永久气体气瓶的剩余压力应不小于0.5MPa；液化气体气瓶应留有不少于0.5%～1.0%规定充装量的剩余气体。

⑪ 在可能造成回流的使用场合，使用设备上必须配置防止倒灌的装置，如单向阀、止回阀、缓冲罐等；气瓶在工地或其他场合使用时，应把气瓶放置于专用的车辆上或竖立于平整的地面用铁链等物将其固定牢靠，以避免因气瓶放气倾倒坠地而发生事故。

⑫ 使用中若出现气瓶故障，例如阀门严重漏气、阀门开关失灵等，应将瓶阀的手轮开关转到关闭的位置，再送气体充装单位或专业气瓶检验单位处理。未经专业训练、不了解其瓶阀结构及修理方法的人员不得修理。

⑬ 严禁擅自更改气瓶的钢印和颜色标记。

⑭ 为了避免气瓶在使用中发生气瓶爆炸、气体燃烧、中毒等事故，所有瓶装气体的使用单位，应根据不同气体的性质和国家有关规范标准，制定瓶装气体的使用管理制度以及安全操作规程。

⑮ 使用单位应做到专瓶专用。严禁用户私自改装、擅自改变气瓶外表颜色、标志，混装气体，造成事故的，必须追究改装者责任。

⑯ 使用氧气或其他氧化性气体时，凡接触气瓶及瓶阀（尤其是出口接头）的手、手套、减压器、工具等，不得沾染油脂。因为油脂与一定压力的压缩氧或强氧化剂接触后能产生自燃和爆炸。

⑰ 盛装易起聚合反应气体的气瓶，不得置于有放射线的场所。

⑱ 当开启气瓶阀门时，操作者应特别注意要缓慢开启，如果操之过急，有可能引起因气瓶排气而倾倒坠地（卧放时起跳）及可燃、助燃气体气瓶出现燃烧甚至爆炸的事故。

由于瓶阀开启过急过猛，压力高达 15MPa 的气体瞬间从瓶内排至有限的胶质气带内，因速度快，形成“绝热压缩”，导致高温，引起胶质气带的燃烧甚至爆炸。此外，由于猛开瓶阀，气流速度快，因摩擦静电能引发可燃物及助燃物的燃烧（助燃气体的燃烧往往是因有可燃物的存在而发生的）。

（四）气瓶的短途搬运安全

① 气瓶搬运以前，操作人员必须了解瓶内气体的名称、性质和安全搬运注意事项，并备齐相应的工具和防护用品。

② 三凹心底气瓶在车间、仓库、工地、装卸场地内搬运时，可徒手滚动，即用一只手托住瓶帽，使瓶身倾斜，另一只手推动瓶身沿地面旋转，用瓶底边走边滚，但不准拖拽、随地平滚、顺坡竖滑或用脚蹬踢。

③ 气瓶最好是使用稳妥、省力的专用小车（衬有软垫的手推车）搬运，单瓶或双瓶放置，并用铁链固定牢。严禁用肩扛、背驮、怀抱、臂挟、托举或二人抬运的方式搬运，以避免损伤身体和摔坏气瓶酿成事故。

④ 气瓶应戴瓶帽，最好是戴固定式瓶帽，以避免在搬运距离较远时或搬运过程中瓶阀因受力而损坏，甚至发生瓶阀飞出等事故。

⑤ 气瓶运到目的地后，放置气瓶的地面必须平整，放置时将气瓶竖直放稳并固定牢，方可松手脱身，以防止气瓶摔倒酿成事故。

⑥ 当需要用人工将气瓶向高处举放或需把气瓶从高处放回地面时，必须两人同时操作，并要求提升与降落的动作协调一致，姿势正确，轻举轻放，严禁在举放时抛、扔，在放落时滑、摔。

⑦ 装卸气瓶时应轻装轻卸，严禁用抛、滑、摔、滚、碰等方式装卸气瓶，以避免因野

蛮装卸而发生爆炸事故。

⑧ 气瓶搬运中如需吊装时，严禁使用电磁起重设备。用机械起重设备吊运散装气瓶时，必须将气瓶装入集装箱、坚固的吊笼或吊筐内，并妥善加以固定。严禁使用链绳、钢丝绳捆绑或钩吊瓶帽等方式吊运气瓶，以避免吊运过程中气瓶脱落而造成事故。

⑨ 严禁使用叉车、翻斗车或铲车搬运气瓶。

任务三　安全运行与管理锅炉

一、认识锅炉

（一）锅炉的基本知识

1. 锅炉设备

锅炉是利用燃料燃烧放出的热能将中间载热体加热到一定参数，承载一定压力并对外输送热能的热力设备。锅炉是由“锅”和“炉”以及为保证“锅”和“炉”正常运行所必需的附件、仪表及附属设备等三大类（部分）组成。

“锅”是指锅炉中盛放水和水蒸气的密封受压部分，是锅炉的吸热部分，主要包括汽包、对流管、水冷壁、联（集）箱、过热器、省煤器等。“锅”再加上给水设备就组成锅炉的汽水系统。

“炉”是指锅炉中燃料进行燃烧、放出热能的部分，是锅炉的放热部分，主要包括燃烧设备、炉墙、炉拱、钢架、烟道及排烟除尘设备等。

锅炉的附件和仪表有很多，如安全阀、压力表、水位计及高低水位报警器、排污装置、汽水管道及阀门、燃烧自动调节装置、测温仪表等。

锅炉的附属设备也很多，一般包括给水系统的设备（如水处理装置、给水泵）；燃料供给及制备系统的设备（如给煤、磨粉、供油、供气等装置）；通风系统设备（如鼓风机、引风机）和除灰排渣系统设备（除尘器、出渣机、出灰机）。

2. 锅炉的参数

锅炉参数对蒸汽锅炉而言是指锅炉所产生的蒸发量、工作压力及蒸汽温度。对热水锅炉而言是指锅炉的热功率、出水压力及供回水温度。

（1）蒸发量（D）　蒸汽锅炉长期安全运行时，每小时所产生的蒸汽量，即该台锅炉的蒸发量，用“D”表示，单位为吨/小时（t/h）。

（2）热功率（供热量 Q）　热水锅炉长期安全运行时，每小时出水有效带热量。即该台锅炉的热功率，用“Q”表示，单位为兆瓦（MW），工程单位为 104 千卡/小时（104kcal/h）。

（3）工作压力　工作压力是指锅炉最高允许使用的压力。工作压力是根据设计压力来确定的，通常用 MPa 来表示。

（4）蒸汽温度　温度是标志物体冷热程度的一个物理量，同时也是反映物质热力状态的一个基本参数。锅炉铭牌上标明的温度是锅炉出口处介质的温度，又称额定温度。对于无过热器的蒸汽锅炉，其额定温度是指锅炉额定压力下的饱和蒸汽温度；对于有过热器的蒸汽锅炉，其额定温度是指过热器出口处的蒸汽温度；对于热水锅炉，其额定温度是指锅炉出口的热水温度。

3. 锅炉的分类

由于工业锅炉结构形式很多，且参数各不相同，用途不一，故到目前为止我国还没有一个统一的分类规则。其分类方法是根据所需要求不同，分类情况就不同，常见的有以下几种。

（1）按锅炉的工作压力分类

低压锅炉：$p \leqslant 2.5$MPa；

中压锅炉：$p=2.6 \sim 5.9$MPa；

高压锅炉：$p=6.0 \sim 13.9$MPa；

超高压锅炉：$p>14$MPa。

（2）按锅炉的蒸发量分类

小型锅炉：$D<20$t/h；

中型锅炉：$D=2075$t/h；

大型锅炉：$D>75$t/h。

（3）按锅炉用途分类　分为电站锅炉、工业锅炉和生活锅炉。

（4）按锅炉出口介质分类　分为蒸汽锅炉，热水锅炉，汽、水两用锅炉。

（5）按采用的燃料分类　分为燃煤锅炉、燃油锅炉和燃气锅炉。

二、掌握锅炉安全附件的作用

锅炉安全附件，主要是指锅炉上使用的安全阀、压力表、水位计、防爆门、汽水阀、排污阀等附件。这些附件是锅炉正常运行不可缺少的组成部分，特别是安全阀、压力表、水位计，是锅炉操作人员进行正常操作的耳目，是保证锅炉安全运行的基本附件，对锅炉的安全运行极为重要。通常人们将上述三大附件称为锅炉的三大安全附件。

1. 安全阀

安全阀是锅炉设备中的重要安全附件之一，它能自动开启排气（汽）以防止锅炉压力超过规定限度。安全阀通常应该具有的功能是：当锅炉中介质压力超过允许压力时，安全阀自动开启，排气降压，同时发出鸣叫声向工作人员报警；当介质压力降到允许工作压力之后，自动“回座”关闭，使锅炉能够维持运行；在锅炉正常运行中，安全阀保持密闭不漏。

安全阀应该在什么压力之下开启排气（汽），是根据锅炉受压元件的承压能力人为规定的。一般说来，在锅炉正常工作压力下安全阀应处于闭合状态，在锅炉压力超过正常工作压力时安全阀才应开启排气。但安全阀的开启压力不允许超过锅炉正常工作压力太多，以保证锅炉受压元件有足够的安全裕度，安全阀的开启压力也不应太接近锅炉正常工作压力，以免安全阀频繁开启，损伤安全阀并影响锅炉的正常运行。

安全阀必须有足够的排放能力，在开启排气后才能起到降压作用。否则，即使安全阀排气，锅炉内的压力仍会继续不断上升。因此，为保证在锅炉用气单位全部停用蒸汽时也不致锅炉超压，锅炉上所有安全阀的总排气量，必须大于锅炉的最大连续蒸发量。

安全阀应当垂直安装，并且应当安装在锅筒（锅壳）、集箱的最高位置，在安全阀和锅筒（锅壳）之间或者安全阀和集箱之间，不应当装设有取用蒸汽或者热水的管路和阀门。

安装安全阀时应该装设排气管，防止排气时伤人。

蒸汽锅炉安全阀排气管应满足以下安全要求：

① 排气管应当直通安全地点，并且有足够的流通截面积，保证排气畅通，同时排气管应当予以固定，不应当有任何来自排气管的外力施加到安全阀上；

② 安全阀排气管底部应当装有接到安全地点的疏水管，且疏水管上不应当装设阀门；

③ 两个独立的安全阀的排气管不应当相连；

④ 安全阀排气管上如果装有消音器，其结构应当有足够的流通截面积和可靠的疏水装置；

⑤ 露天布置的排气管如果加装防护罩，防护罩的安装不应当妨碍安全阀的正常动作和维修。

热水锅炉和可分式省煤器的安全阀应当装设排水管（如果采用杠杆安全阀应当增加阀芯两侧的排水装置），排水管应当直通安全地点，并且有足够的排放流通面积，保证排放畅通。在排水管上不应当装设阀门，并且应当有防冻措施。

安全阀每年至少做一次定期检验，每天人为排放一次，排放压力最好为规定最高工作压力的 80%以上。

2. 压力表

压力表是测量和显示锅炉汽水系统压力大小的仪表。严密监视锅炉各受压元件实际承受的压力，将它控制在安全限度之内，是锅炉实现安全运行的基本条件和基本要求，因而压力表是运行操作人员必不可少的耳目。锅炉没有压力表、压力表损坏或压力表的装设不符合要求，都不得投入运行或继续运行。

锅炉中应用得最为广泛的压力表是弹簧管式压力表，它具有结构简单、使用方便，准确可靠、测量范围大等优点。

压力表的量程应与锅炉工作压力相适应，通常为锅炉工作压力的 1.5～3 倍，最好为 2 倍。压力表刻度盘上应该画红线，指出最高允许工作压力。压力表每半年至少应校验一次，校验后应该铅封。压力表的连接管不应有漏气现象，否则会降低压力指示值。

压力表应该装设在便于观察和吹洗的位置，应防止受到高温、冰冻和震动的影响。为避免蒸汽直接进入弹簧弯管影响其弹性，压力表下边应该装设存水弯管。

3. 水位计

水位计（也称水位表）是用来显示汽包内水位高低的表计。操作人员可以通过水位计观察和调节水位，防止发生锅炉缺水或满水事故，保证锅炉安全运行。

水位计是按照连通器内液柱高度相等的原理装设的。水位计的水连管和汽连管分别与汽包的水空间和汽空间相连，水位计和汽包构成连通器，水位计显示的水位即是汽包内的水位。

锅炉上常用的水位计，有玻璃管式和玻璃板式两种。其中，玻璃管式水位计结构简单，价格低廉，在低压小型锅炉上应用十分广泛；但玻璃管的耐压能力有限，使用工作压力不宜超过 1.6MPa。为防止玻璃管破碎喷水伤人，玻璃管外通常装设有耐热的玻璃防护罩。玻璃板水位计与玻璃管式水位计相比，能耐更高的压力和温度，不易泄漏，但结构较为复杂，多用于高压锅炉。

水位计应装在便于观察、冲洗的位置，并有充足的照明；水连接管和汽连接管应水平布置，以防止造成假水位；连接管的内径不得小于18mm，连接管应尽可能地短；如长度超过500mm或有弯曲时，内径应适当放大；汽水连接管上应避免装设阀门，如装有阀门，则在正常运行时必须将阀门全开；水位计应有放水旋塞和接到安全地点的放水管，其汽旋塞、水旋塞、放水旋塞的内径，以及水位计玻璃管的内径，不得小于8mm。水位计应有指示最高、最低安全水位的明显标志。水位计玻璃板（管）的最低可见边缘应比最低安全水位至少低25mm，最高可见边缘应比最高安全水位至少高25mm。

水位报警器用于在锅炉水位异常（高于最高安全水位或低于最低安全水位）时发出警报，提醒运行人员采取措施，消除险情。额定蒸发量≥2t/h的锅炉，必须装设高低水位报警器，警报信号应能区分高低水位。

三、锅炉运行的安全管理

锅炉是工业生产中常用的热能设备，其安全运行管理至关重要。

（一）锅炉的安全启动

由于锅炉是一个复杂的装置，包含着一系列部件、辅机，锅炉的正常运行包含着燃烧、传热、工质流动等过程，因而启动一台锅炉要进行多项操作，要用较长的时间、各个环节协同动作，逐步达到正常工作状态。

锅炉启动过程中，其部件、附件等由冷态（常温或室温）变为受热状态，由不承压转变为承压，其物理形态、受力情况等产生很大变化，最易产生各种事故。据统计，锅炉事故有半数是在启动过程中发生的。因而对锅炉启动必须进行认真的准备。

1. 全面检查

锅炉启动之前一定要进行全面检查，符合启动要求后才能进行下一步的操作。

① 检查汽水系统、燃烧系统、风烟系统、锅炉本体和辅机是否完好；

② 检查人孔、手孔、看火门、防爆门及各类阀门、接板是否正常；

③ 检查安全附件是否齐全、完好并使之处于启动所要求的位置；

④ 检查各种测量仪表是否完好等。

2. 上水

① 上水前水质要化验合格；

② 上水水温在30～70℃，最高不应超过90～100℃；

③ 上水速度要缓慢，上水时间夏季不小于1h，冬季不小于2h；

④ 冷炉上水至最低安全水位时应停止上水。

3. 烘炉和煮炉

新装、大修或长期停用的锅炉，其炉膛和烟道的墙壁非常潮湿，一旦骤然接触高温烟气，就会产生裂纹、变形甚至发生倒塌事故。为了防止这种情况发生，锅炉在上水后启动前要进行烘炉。烘炉就是在炉膛中用文火缓慢加热锅炉，使炉墙中的水分逐渐蒸发掉。

烘炉应根据事先制定的烘炉升温曲线进行，整个烘炉时间根据锅炉大小、型号而定，一般为 3～14 天。烘炉后期可以同时进行煮炉。

煮炉的目的是清除锅炉蒸发受热面中的铁锈、油污和其他污物，减少受热面腐蚀，提高锅水和蒸汽的品质。

煮炉时，在锅水中加入碱性药剂，如 NaOH、Na_3PO_4 或 Na_2CO_3 等。步骤为：上水至最高水位；加入适量药剂（2～4kg/t）；燃烧加热锅水至沸腾但不升压（开启空气阀或抬起安全阀排气），维持 10～12h；减弱燃烧，排污之后适当放水；加强燃烧并使锅炉升压到 25%～100%的工作压力，运行 12～24h；停炉冷却，排出锅水并清洗受热面。

烘炉和煮炉虽不是正常启动，但锅炉的燃烧系统和汽水系统已经部分或大部分处于工作状态，锅炉已经开始承受温度和压力，所以必须认真进行。

4. 点火与升压

一般锅炉上水后即可点火升压；进行烘炉和煮炉的锅炉，待煮炉完毕、排水清洗后再重新上水，然后点火升压。从锅炉点火到锅炉蒸汽压力上升到工作压力，这是锅炉启动中的关键环节，需要注意以下问题。

① 防止炉膛内爆炸。即点火前应开动引风机数分钟给炉膛通风，分析炉膛内可燃物的含量，低于爆炸下限时，才可点火。

② 防止热应力和热膨胀造成破坏。为了防止产生过大的热应力，锅炉的升压过程一定要缓慢进行。如：水管锅炉在夏季点火升压需要 2～4h，在冬季点火升压需要 2～6h；立式锅壳锅炉和快装锅炉需要时间较短，为 1～2h。

③ 监视和调整各种变化。点火升压过程中，锅炉的蒸汽参数、水位及各部件的工作状况在不断变化。为了防止异常情况及事故出现，要严密监视各种仪表指示的变化。另外，也要注意观察各受热面，使各部位冷热交换温度变化均匀，防止局部过热，烧坏设备。

5. 暖管与并汽

所谓暖管，即用蒸汽缓慢加热管道、阀门、法兰等元件，使其温度缓慢上升，避免向冷态或较低温度的管道突然供入蒸汽，以防止热应力过大而损坏管道、阀门等元件。同时将管道中的冷凝水驱出，防止在供汽时发生水击。冷态蒸汽管道的暖管时间一般不少于 2h，热态蒸汽管道的暖管时间一般为 0.5～1h。

并汽也叫并炉，即投入运行的锅炉向共用的蒸汽总管供汽。并汽时应燃烧稳定、运行正常、蒸汽品质合格以及蒸汽压力稍低于蒸汽总管内气压（低压锅炉低 0.02～0.05MPa；中压锅炉低 0.1～0.2MPa）。

（二）锅炉安全停炉

锅炉停炉分正常停炉和紧急停炉（事故停炉）两种。

1. 正常停炉

正常停炉是计划内停炉。停炉中应注意的主要问题是：防止降压降温过快，以避免锅炉元件因降温收缩不均匀而产生过大的热应力。停炉操作应按规定的次序进行。锅炉正常停炉时先停燃料供应，随之停止送风，降低引风。与此同时，逐渐降低锅炉负荷，相应地减少锅炉上水，但应维持锅炉水位稍高于正常水位。锅炉停止供汽后，应隔绝与蒸汽总管的连接，排汽降压。待锅内无气压时，开启空气阀，以免锅内因降温形成真空。为防止锅炉降温过快，在正常停炉的4～6h内，应紧闭炉门和烟道接板。之后打开烟道接板，缓慢加强通风，适当放水。停炉18～24h，在锅水温度降至70℃以下时，方可全部放水。

2. 紧急停炉

锅炉运行中出现：水位低于水位计的下部可见边缘，不断加大锅炉给水及采取其他措施，但水位仍继续下降；水位超过最高可见水位（满水），经放水仍不能见到水位；给水泵全部失效或给水系统故障，不能向锅炉进水；水位计或安全阀全部失效；锅炉元件损坏等严重威胁锅炉安全运行的情况，则应立即停炉。

紧急停炉的操作顺序是：立即停止添加燃料和送风，减弱引风。与此同时，设法熄灭炉膛内的燃料，对于一般层燃炉可以用沙土或湿灰灭火，链条炉可以开快挡使炉排快速运转，把红火送入灰坑。灭火后即把炉门、灰门及烟道接板打开，以加强通风冷却。锅内可以较快降压并更换锅水，锅水冷却至70℃左右允许排水。但因缺水紧急停炉时，严禁给炉上水，并不得开启空气阀及安全阀快速降压。

四、锅炉常见事故及处理

（一）水位异常

1. 缺水

缺水事故是最常见的锅炉事故。当锅炉水位低于最低许可水位时称作缺水。在缺水后锅筒和锅管被烧红的情况下，若大量上水，水接触到烧红的锅筒和锅管会产生大量蒸汽，气压剧增会导致锅炉烧坏，甚至爆炸。

处理措施：严密监视水位，定期校对水位计和水位警报器，发现缺陷及时消除；注意观察缺水现象，缺水时水位计玻璃管（板）呈白色；严重缺水时严禁向锅炉内给水；注意监视和调整给水压力和给水流量，与蒸汽流量相适应；排污应按规程规定，每开一次排污阀，时间不超过30s，排污后关紧阀门，并检查排污是否泄漏；监视汽水品质，控制炉水含量。

2. 满水

满水事故是锅炉水位超过了最高许可水位，也是常见事故之一。满水事故会引起蒸汽管道发生水击，易把锅炉本体、蒸汽管道和阀门震坏；此外，满水时蒸汽携带大量炉水，使蒸汽品质恶化。

处理措施：如果是轻微满水，应先关小鼓风机和引风机的调节阀，使燃烧减弱，然后停止给水，开启排污阀门放水，直到水位正常，关闭所有放水阀，恢复正常运行。如果是严重满水，首先应按紧急停炉程序停炉，然后停止给水，开启排污阀门放水，再开启蒸汽母管及过热器疏水阀门，迅速疏水。水位正常后，关闭排污阀门和疏水阀门，再生火运行。

（二）汽水共腾

汽水共腾是锅炉内水位波动幅度超出正常情况、水面翻腾程度异常剧烈的一种现象。其后果是蒸汽大量带水，使蒸汽品质下降，易发生水冲击，使过热器管壁上积附盐垢，影响传热而使过热器超温，严重时会烧坏过热器而引发爆管事故。

处理措施：降低负荷，减少蒸发量；开启表面连续排污阀，降低锅水含盐量；适当增加下部排污量，增加给水，使锅水不断调换新水。

（三）燃烧异常

燃烧异常主要表现在烟道尾部发生二次燃烧和烟气爆炸。这类事故多发生在燃油锅炉和煤粉锅炉内。这是由于没有燃尽的可燃物附着在受热面上，在一定的条件下，重新着火燃烧。尾部燃烧常将省煤器、空气预热器，甚至引风机烧坏。

处理措施：立即停止供给燃料，实行紧急停炉，严密关闭烟道、风挡板及各门孔，防止漏风，严禁开引风机；尾部投入灭火装置或用蒸汽吹灭器进行灭火；加强锅炉的给水和排水，保证省煤器不被烧坏；待灭火后方可打开门孔进行检查。确认可以继续运行，先开启引风机 10～15min 后再重新点火。

（四）承压部件损坏

1. 锅管爆破

锅炉运行中，水冷壁管和对流管爆破是较常见的事故，这类事故性质严重，甚至可能造成伤亡，需停炉检修。爆破时有显著声响，爆破后有喷气声，水位迅速下降，气压、给水压力、排烟温度均下降，火焰发暗，燃烧不稳定或被熄灭。发生此项事故时，如仍能维持正常水位，可紧急通知有关部门后再停炉，如水位、气压均不能保持正常，必须按程序紧急停炉。

发生这类事故的原因一般是水质不符合要求，管壁结垢或管壁受腐蚀或受飞灰磨损变薄；或升火过猛，停炉过快，使锅管受热不均匀，造成焊口破裂；或下集箱积泥垢未排除，阻塞锅管水循环，锅管得不到冷却而过热爆破。

处理措施：加强水质监督，定期检查锅管，按规定生火、停炉及防止超负荷运行。

2. 过热器管道损坏

这类损坏表现为：过热器附近有蒸汽喷出的响声；蒸汽流量不正常，给水量明显增加；炉膛负压降低或产生正压，严重时从炉膛喷出蒸汽或火焰；排烟温度显著下降。发生这类事故的原因一般是水质不良，或水位经常偏高，或汽水共腾，以致过热器结垢；也可能是引风量过大，使炉膛出口烟温升高，过热器长期超温使用；还可能是烟气偏流使过热器局部超温，检修不良使焊口损坏或水压试验后，管内积水。

处理措施：事故发生后，如损坏不严重，又有生产需要，可待备用炉启用后再停炉，但必须密切注意，不能使损坏恶化；如损坏严重，则必须立即停炉。使用中注意控制水、汽品质，防止热偏差，注意疏水，注意安全检修质量，即可预防这类事故。

3. 省煤器管道损坏

沸腾式省煤器出现裂纹和非沸腾式省煤器弯头法兰处泄漏是常见的损害事故，最易造成锅炉缺水。事故发生后的表象是水位不正常下降；省煤器有泄漏声；省煤器下部灰斗有湿灰，严重者有水流出；省煤器出口处烟温下降。

处理措施：对于沸腾式省煤器，要加大给水，降低负荷，待备用炉启用后再停炉。若不能维持正常水位则紧急停炉，并利用旁路给水系统，尽力维持水位，但不允许打开省煤器再循环系统阀门。对于非沸腾式省煤器，要开启旁路阀门，关闭出入口的风门，使省煤器与高温烟气隔绝，并打开省煤器旁路给水阀门。

任务四　安全使用及管理压力管道

一、压力管道的认识

在生产过程中，为避免管道内介质的压力超过允许的操作压力而造成灾害性事故的发生，一般是利用泄压装置来及时排放管道内的介质，使管道内介质的压力迅速下降。管道中采用的安全泄压装置主要有安全阀、爆破片、视镜、阻火器，或在管道上加安全水封和安全放空管。

1. 安全阀

安全阀作为超压保护装置，其功能是：当管道压力升高超过允许值时，阀门开启全量排放，以防止管道压力继续升高，当压力降低到规定值时，阀门及时关闭，以保护设备和管路的安全运行。

压力管道中常用的安全阀有弹簧式安全阀和隔离式安全阀。弹簧式安全阀可分为封闭式弹簧安全阀、非封闭式弹簧安全阀、带扳手的弹簧式安全阀；隔离式安全阀是在安全阀入口串联爆破片装置。在采用隔离式安全阀时，对爆破片有一定的要求，首先要求爆破过程不得产生任何碎片，以免损伤安全阀，或影响安全阀的开启与回座的性能；其次是要求爆破片抗疲劳和承受背压的能力强等。

2. 爆破片

爆破片功能是：当压力管道中的介质压力大于爆破片的设计承受压力时，爆破片破裂，介质释放，压力迅速下降，从而起到保护主体设备和压力管道的作用。

爆破片的品种规格很多，有反拱带槽型、反拱带刀型、反拱脱落型、正拱开缝型、普通正拱型，应根据操作要求允许的介质压力、介质的相态、管径的大小等来选择合适的爆破片。有的爆破片最好与安全阀串联，如反拱带刀型爆破片；有的爆破片还不能与安全阀串联，如普通正拱形爆破片。从爆破片的发展趋势看，带槽型爆破片的性能在各方面均优于其他类型，尤其是反拱带槽型爆破片，具有抗疲劳能力强、耐背压、允许工作压力高和动作响应时间短等优点。

3. 视镜

视镜多用在排液或收槽前的回流、冷却水等液体管路上，以观察液体流动情况。常用的视镜有钢制视镜、不锈钢视镜、铝制视镜、硬聚氯乙烯视镜、耐酸酚醛塑料视镜、玻璃管视镜等。

视镜是根据输送介质的化学性质、物理状态及工艺对视镜功能的要求来选用。视镜的材料基本上和管子材料相同。如碳钢管采用钢制视镜，不锈钢管子采用不锈钢视镜，硬聚氯乙烯管子采用硬聚氯乙烯视镜，需要变径的可采用异径视镜，需要多面窥视的可采用双面视镜，需要它代替三通功能的可选用三通视镜。一般视镜的操作压力≤0.25MPa。钢制视镜的操作压力≤0.6MPa。

4. 阻火器

阻火器是一种防止火焰蔓延的安全装置，通常安装在易燃易爆气体管路上。当某一段管道发生事故时，不至于影响另一段的管道和设备。某些易燃易爆的气体如乙炔气，充灌瓶与压缩机之间的管道，要求设 3 个阻火器。

阻火器的种类较多，主要有：碳素钢壳体镀锌铁丝网阻火器，不锈钢壳体不锈钢丝网阻火器，钢制砾石阻火器，碳钢壳体铜丝网阻火器，波形散热片式阻火器，铸铝壳体铜丝网阻火器等。

阻火器的选用应满足以下要求：

① 阻火器的壳体要能承受介质的压力和允许的温度，还要能耐介质的腐蚀；

② 填料要有一定强度，且不能和介质起化学反应；

③ 根据介质的化学性质、温度、压力来选用合适的阻火器。

一般介质，使用压力≤1.0MPa，温度＜80℃时均采用碳素钢镀锌铁丝网阻火器。特殊的介质如乙炔气管道，要采用特殊的阻火器。

5. 其他安全装置

压力管道的安全装置还有压力表、安全水封及安全放空管等。压力表的作用主要是显示压力管道内的压力大小。安全水封既能起到安全泄压的作用，还能在发生火灾事故时起到阻止火势蔓延的作用。放空管主要起到安全泄压的作用。

二、压力管道的安全使用

（一）压力管道的设计、制造和安装

1. 压力管道的设计

压力管道的设计应由取得与压力管道工作压力等级相应的、有三类压力容器设计资格的单位承担。压力管道的设计必须严格遵守工艺管道有关的国家标准和规范。设计单位应向施工单位提供完整的设计文件、施工图和计算书，并由设计单位总工程师签发方为有效。

2. 压力管道的制造

压力管道、阀门管件和紧固件的制造必须由经过省级以上主管部门鉴定和批准的有资格的单位承担。制造单位应具备下列条件：

① 有与制造压力管道、阀门管件相适应的技术力量、安装设备和检验手段。

② 有健全的制造质量保证体系和质量管理制度，并能严格执行有关规范标准，确保制造质量。制造厂对出厂的阀门、管件和紧固件应出具产品质量合格证，并对产品质量负责。

3. 压力管道的安装

压力管道的安装单位必须由取得与压力管道操作压力相应的三类压力容器现场安装资格的单位承担。

压力管道交付使用时，安装单位必须提交下列技术文件：

① 压力管道安装竣工图；

② 压力钢管检查验收记录；

③ 压力阀门试验记录；

④ 安全阀调整试验记录；

⑤ 压力管件检查验收记录；

⑥ 压力管道焊缝焊接工作记录；

⑦ 压力管道焊缝热处理及着色检验记录；

⑧ 压力管道系统试验记录。

试车期间，如发现压力管道振动超过标准，由设计单位与安装单位共同研究，采取消振措施，消振合格后方可交工。

（二）压力管道安全检查与维护

压力管道是连接机械和设备的工艺管线，应列入相应的机械和设备的操作岗位，由机械和设备操作人员统一操作和维护。操作人员必须熟悉压力管道的工艺流程、工艺参数和结构。操作人员培训教育考核必须包含高压工艺管道内容，考核合格者方可操作。

压力管道的巡回检查应和机械设备一并进行。

1. 压力管道检查、维护时的注意事项

① 机械和设备出口的工艺参数不得超过压力管道设计或缺陷评定后的许用工艺参数，压力管道严禁在超温、超压、强腐蚀和强振动条件下运行；

② 检查管道、管件、阀门和紧固件有无严重腐蚀、泄漏、变形、移位和破裂，以及保温层的完好程度；

③ 检查管道有无强烈振动，管与管、管与相邻件有无摩擦，管卡、吊架和支承有无松动或断裂；

④ 检查管内有无异物撞击或摩擦的声响；

⑤ 检查安全附件、指示仪表有无异常，发现缺陷及时报告，妥善处理，必要时停机处理。

2. 压力管道严禁的作业

① 严禁利用压力管道作为电焊机的接地线或吊装重物受力点；

② 压力管道运行中严禁带压紧固或拆卸螺栓，开停车有热紧要求者，应按设计规定进行热紧处理；

③ 严禁带压补焊作业；

④ 严禁热管线裸露运行；

⑤ 严禁借用热管线做饭或烘干物品。

（三）压力管道技术检验

压力管道的技术检验是掌握管道技术现状、消除缺陷、防范事故的主要手段。技术检验工作由企业锅炉压力容器检验部门或外委有检验资格的单位进行并对检验结论负责。压力管道技术检验分外部检查、探查检验和全面检验。

1. 外部检查

车间每季至少检查一次，企业每年至少检查一次。检查项目包括以下几项：

① 管道、管件、紧固件及阀门的防腐层、保温层是否完好，可见管表面有无缺陷；

② 管道振动情况，管与管、管与相邻物件有无摩擦；

③ 吊卡、管卡、支承的紧固和防腐情况；

④ 管道的连接法兰、接头、阀门填料、焊缝有无泄漏；

⑤ 检查管道内有无异物撞击或摩擦声。

2. 探查检验

探查检验是针对压力管道不同管系可能存在的薄弱环节，实施对症性的定点测厚及连接部位或管段的解体抽查。

（1）定点测厚　测点应有足够的代表性，找出管内壁的易腐蚀部位，流体转向的易冲刷部位，制造时易拉薄的部位，使用时受力大的部位，以及根据实践经验选点。充分考虑流体流动方式，如三通，有侧向汇流、对向汇流、侧向分流和背向分流等流动方式，流体对三通的冲刷、腐蚀部位是有区别的，应对症选点。

将确定的测定位置标记在绘制的主体管段简图上，按图进行定点测厚并记录。定期分析对比测定数据并根据分析结果决定扩大或缩小测定范围和调整测定周期。根据已获得的实测数据，研究分析压力管段在特定条件下的腐蚀、磨蚀规律，判断管道的结构强度，制定防范和改进措施。

压力管道定点测厚周期应根据腐蚀、磨蚀年速率确定。小于 0.10mm/a，每四年测厚一次；腐蚀、磨蚀速率为 0.10～0.25mm/a，每两年测厚一次；腐蚀、磨蚀速率大于 0.25mm/a，每半年测厚一次。

（2）解体抽查　解体抽查主要是根据管道输送的工作介质的腐蚀性能、热学环境、流体流动方式，以及管道的结构特性和振动状况等，选择可拆部位进行解体检查，并把选定部位标记在主体管道简图上。

一般应重点查明：法兰、三通、弯头、螺栓以及管口、管口壁、密封面、垫圈的腐蚀和损伤情况。同时还要抽查部件附近的支承有无松动、变形或断裂。对于全焊接压力管道只能靠无损探伤抽查或修理阀门时用内窥镜扩大检查。

解体抽查可以结合机械和设备单体检修时或企业年度大修时进行，每年选检一部分。

3. 全面检验

全面检验是结合机械和设备单体大修或年度停车大修时对压力管道进行鉴定性的停机检验，以决定管道系统是否继续使用、限制使用、局部更换或报废。全面检验的周期为 10～12 年，但不得超过设计寿命之末。

（1）遇下列情况时全面检验周期应适当缩短：

① 工作温度大于180℃的碳钢和工作温度大于250℃的合金钢的临氢管道或探查检验发现氢腐蚀倾向的管段；

② 通过探查检验发现腐蚀、磨蚀速率大于0.25mm/a，剩余腐蚀余量低于预计全面检验时间的管道和管件，或发现有疲劳裂纹的管道和管件；

③ 使用年限超过设计寿命的管道；

④ 运行时出现超温、超压或鼓胀变形，有可能引起金属性能劣化的管段。

（2）全面检验主要包括以下一些项目：

① 表面检查。表面检查是指宏观检查和表面无损探伤。

② 解体检查和壁厚测定。管道、管件、阀门、丝扣和螺栓、螺纹的检查，应按解体抽查要求进行。按定点测厚选点的原则对管道、管件进行壁厚测定。

③ 焊缝埋藏缺陷探伤。对制造和安装时探伤等级低的、宏观检查成型不良的、有不同表面缺陷的或在运行中承受较高压力的焊缝，应用超声波探伤或射线探伤检查埋藏缺陷，抽查比例不小于待检管道焊缝总数的10%。但与机械和设备连接的第一道、口径不小于50mm的或主管口径比不小于0.6的焊接三通的焊缝，抽查比例应不小于待检件焊缝总数的50%。

④ 破坏性取样检验。对于使用过程中出现超温、超压有可能影响金属材料性能的或以蠕变率控制使用寿命、蠕变率接近或超过1%的，或有可能引起高温氢腐蚀或氮化的管道、管件、阀门，应进行破坏性取样检验。

压力管道全面检验还包括耐压试验和气密性试验及出具评定报告。

案例介绍

【案例1】 辽宁盘锦浩业化工有限公司重大爆炸着火事故

1. 事故概况

2023年1月15日13时25分左右，盘锦浩业化工有限公司（下称浩业化工）在烷基化装置水洗罐入口管道带压密封作业过程中发生爆炸着火事故，造成13人死亡、35人受伤，直接经济损失约8799万元。

2023年1月11日，浩业化工发现事故管道弯头夹具边缘处泄漏，浩业化工设备部组织进行维保，并于1月11、12、14日三次组织堵漏，均未成功。三次堵漏均未按企业内部规定向安全管理部报备。1月15日上午，浩业化工烷基化装置水洗罐流程走旁路，入口阀门关闭，出口阀门开度在10%～15%，罐内注水顶油，其余设备正常运行。13时左右，封某携带新制作的夹具，带领3名作业人员进入现场，组织实施带压密封作业。浩业化工烷基化车间联系两台吊车和3名人员到场配合。现场采用两台吊车分别各吊一个吊篮，每个吊篮里安排两名堵漏作业人员，分别由吊车吊至泄漏点旁。吊车用对讲机指挥（对讲机为非防爆型）。浩业化工烷基化车间安排6名监护人对作业面进行立体监护，车间主任李某与新项目班长在水洗罐D-211罐顶平台监护。13时23分56秒，用于新夹具定位的卡盘安装完成，新夹具就位。新夹具两侧拟各用3套螺栓紧固。13时24分10秒，封某等人在新夹具两侧各安装紧固1套螺栓时，原夹具水平端的管道焊缝处突然断裂，大量介质从断口喷出，原夹具被喷出的介质冲击而脱离管道并飞出。封某立即用对讲机呼叫吊车司机紧急落地。现场监护人员立即向外疏散。另一吊车司机立即将吊篮吊离作业面，并拔杆将吊篮升至远高于烷基化反应器R-201C所在框架。李某立即从水洗罐顶平台跑回中控室，安排烷基化装置内操人员紧急停车。13时25分53秒，烷基化装置区发生爆炸并着火。

2. 事故原因分析

（1）事故直接原因

事故管道发生泄漏，在带压密封作业过程中发生断裂，水洗罐内反应流出物大量喷出，与空气混合形成爆炸性蒸气云团，遇点火源爆炸并着火，造成现场作业、监护及爆炸冲击波波及范围内重大人员伤亡。由于现场视频监控装置技术原因断电及监控摄像头布置等原因，现有视频资料无法查看到爆炸点位置及爆炸瞬间的现场情况。调查发现，作业指挥用的四部对讲机属于非防爆对讲机。此外，现场有两台正在工作的吊车，其排气管高温热表面温度可高达800～900℃。泄漏介质中，正丁烷的最小点火能量为0.25mJ，引燃温度为405℃；异丁烷的最小点火能量为0.52mJ，引燃温度为460℃。经专家组综合分析认定造成本次爆炸的点火源为：一是对讲机通话时的接通能量，二是作业现场的吊车的排气管高温热表面。

（2）事故间接原因

① 项目建设期间，在施工单位建议下，建设单位未经设计变更擅自决定将事故管道用20钢代替316不锈钢，监理、竣工验收及监督检验等过程均未发现事故管道材质与设计不符问题，降低了管道耐介质腐蚀性能。

② 事故管道首次带压密封作业时，未对弯头泄漏根本原因进行认真排查，未按规定进行壁厚检测；再次泄漏带压密封堵漏作业时，没有按照规范要求制定施工方案和应急措施、开展现场勘测和办理作业审批，违规冒险作业，致使紧固夹具时事故管道突然断裂，易燃易爆性介质大量泄漏并扩散。

③ 特种设备日常管理严重缺位，事故管道年度检查缺失，法定定期检测流于形式，未发现事故管道材质与设计不符的严重问题，未及时发现并处置事故管道严重腐蚀的问题。

④ 作业审批不落实，带压密封作业现场管理混乱、防火防爆安全风险管控不力，违规用汽车吊吊装人员，带压密封作业现场使用非防爆对讲机，造成现场大量泄漏的易燃易爆性介质遇点火源发生爆炸。

【案例2】　新疆广汇新能源有限公司闪爆一般事故

1. 事故概况

2023年5月8日18时8分许，新疆广汇新能源有限公司（以下简称广汇新能源公司）造气B系列5号气化炉在开炉、并炉过程中，粗煤气分离器出口第二处45°弯头至三通处压力管道出现泄漏引发闪爆，造成1人死亡，6人受伤（其中2人重伤），直接经济损失460.78万元。

2023年5月8日新疆广汇新能源有限公司安排中化二建集团有限公司7名施工人员对B系列6号气化炉进行安装恢复工作，当日12时30分左右现场出现一次晃电导致气化炉停工，晃电恢复开工过程中，新疆广汇新能源有限公司未对6号气化炉现场施工人员进行警示并要求撤离。18时08分，在B系列5号气化炉在开炉、并炉过程中，粗煤气分离器出口第二处45°弯头至三通处压力管道出现泄漏引发闪爆。火光亮度较高，呈现团状偏白色，随后呈现浅黄色，并迅速向周围扩散。燃烧持续约15秒后火势减弱消失。爆炸和火势蔓延中有物体被抛出，并产生大量烟气。闪爆发生时，中化二建集团有限公司7人正在气化B区六楼作业，其中周某等6人在5号气化装置东侧（原6号气化装置位置）进行吊装作业，张某在7号气化装置处（位于6号气化装置东侧）。爆炸造成周某由6层外平台掉落至4层外平台桥架后死亡，张某等6人受伤。

2. 事故原因分析

（1）事故直接原因

根据调查询问、现场勘验、视频监控和鉴定报告等，综合认定此次事故原因系B系列5号气化装置开工恢复过程中，粗煤气分离器出口第二处45°弯头至三通处压力管道在受到交变应力的影响下，致使薄弱环节处开裂泄漏。粗煤气在泄漏后聚集浓度达到爆炸极限遇静电引发闪爆。

（2）事故间接原因

① 新疆广汇新能源有限公司6号气化炉恢复升级项目，未按照《危险化学品安全管理条例》《危险化学品建设项目安全监督管理办法》规定办理安全条件审查和安全设施设计审查手续擅自施工。

② 新疆广汇新能源有限公司2023年5月8日全厂停电至恢复开车过程中，未按照《化工过程安全管理导则》AQ/T 3034—2022第4.9.3.8“开停车过程中应严格控制现场人员数量，应将无关人员及时清退出场”的规定，未清退中化二建公司现场施工人员，致使该公司施工人员出现伤亡。

③ 新疆广汇新能源有限公司管理者和员工安全意识淡薄。明知危化品生产装置开车过程存在风险，停电后多台生产装置同时开车，现场存在多处违反操作规程作业的情况。未有效履行吊装作业监护人职责，未及时告知吊装单位作业区域生产装置正在开车这一重要信息。

④ 新疆广汇新能源有限公司规章制度落实不到位。当天运行人员在5号炉并网前，人工取样过程中未严格落实《造气车间气化装置岗位操作规程》的有关要求。

⑤ 新疆广汇新能源有限公司在粗煤气管线多次测厚没有减薄情况后，未及时调整测厚点，造成现场粗煤气分离器至母管两处45°弯头从投产至事故前长达11年未进行过检测。

习题

一、问答题

1. 什么叫压力容器？如何分类？
2. 如何进行压力容器的安全管理？
3. 压力容器有哪些安全附件？有何作用？
4. 如何安全使用气瓶？

5. 锅炉运行中安全要点有哪些?

6. 锅炉运行中在什么情况下必须停炉?

7. 简述高压管道的设计、制造和安装要求。

8. 简述高压管道技术检验的内容。

二、思考题

1. 在化工生产中，如何保障压力容器的生产安全?

2. 压力容器不安装安全附件，可能导致的后果有哪些?

3. 结合压力容器爆炸事故案例，总结压力容器爆炸事故的主要原因有哪些。

项目六

化工装置检修的安全管理

学习目标

知识目标

（1）熟悉化工装置检修准备工作的基本要求。

（2）掌握化工装置停车的安全处理方法。

（3）熟悉化工装置检修和维护的危险因素。

（4）掌握化工装置检修安全管理的内容。

能力目标

（1）初步具有保障化工装置检修期间安全的基本能力。

（2）具备化工设备检修和维护危险因素分析的基本能力。

（3）掌握各类化工检修的安全技术。

素质目标

（1）培养善于总结、遵章守纪的素质。

（2）进一步提高责任意识、大局意识。

（3）培养严谨的工作态度，树立规范的操作意识。

任务一　准备进行化工装置检修

化工装置在长周期运行中，由于外部负荷、内部应力和相互磨损、腐蚀、疲劳以及自然侵害等因素影响，使个别部件或整体改变原有尺寸、形状，力学性能下降，造成安全隐患和缺陷，威胁安全生产。另外，化工生产的特点决定了化工设备复杂多样，介质危险性大，在检修过程中存在着许多危险因素。例如，容易发生火灾、爆炸、中毒、窒息、噪声危害、酸碱灼伤等职业性和非职业性伤害。为了实现安全生产，提高设备效率，降低能耗，保证产品质量，要对装置、设备定期进行计划检修，及时消除缺陷和隐患，使化工生产装置能够“安、稳、长、满、优”运行。

一、化工装置检修前的准备

（一）化工装置检修的分类

化工装置检修可分为计划检修与计划外检修。

1. 计划检修

企业根据设备管理、使用的经验和生产规律，对设备进行有组织、有准备、有安排的检修叫作计划检修。根据检修内容、周期和要求的不同，计划检修可分为小修、中修和大修。

（1）大修　装置运行了较长周期，需要全面停产，进行全面检修，重点是对主要设备的检修，工作量大。

（2）中修　对设备进行部分解体，修复或更换磨损部件，校正设备的基准，使设备的主要精度达到精度要求。

（3）小修　清洗、更换或修复少量容易磨损和腐蚀的零部件，工作量小。

2. 计划外检修

在生产过程中设备突然发生故障或事故，必须进行的不停车或临时停车检修称为计划外检修。计划外检修事先难以预料，无法安排计划，而且要求检修时间短、检修质量高，检修的环境及工况复杂，故难度较大。计划外检修也是化工企业不可避免的检修作业。

（二）化工装置检修的特点

化工生产装置检修具有检修时间短，检修质量高，检修的环境及工况复杂，危险性大的特点。

由于化工生产装置中使用的设备如炉、塔、釜、器、机、泵及罐、槽、池等大多是非定型设备，种类繁多，规格不一，要求从事检修作业的人员具有丰富的知识和技术，熟悉掌握不同设备的结构、性能和特点；装置检修因检修内容多、工期紧、工种多、上下作业、设备内外同时并进、多数设备处于露天或半露天布置，检修作业受到环境和气候等条件的制约，加之外来工、农民工等临时人员进入检修现场机会多，对作业现场环境又不熟悉，从而决定了化工装置检修的复杂性。

由于化工生产的危险性大，因此生产装置检修的危险性亦大。加之化工生产装置和设备复杂，设备和管道中的易燃、易爆、有毒物质，尽管在检修前做过充分的吹扫置换，但是易燃、易爆、有毒物质仍有可能存在。检修作业又离不开动火、动土、受限空间等作业，客观上具备了发生火灾、爆炸、中毒、化学灼伤、高处坠落、物体打击等事故的条件。实践证明，生产装置在停车、检修施工、复工过程中最容易发生事故。

（三）化工装置停车检修前的准备工作

化工装置停车检修前的准备工作是保证装置停好、修好、开好的主要前提条件，必须做到集中领导、统筹规划、统一安排，并做好“四定”（定项目、定质量、定进度、定人员）和“八落实”[组织、思想、任务、物资（包括材料与备品备件）、劳动力、工器具、施工方案、安全措施八个方面工作的落实] 工作。除此以外，准备工作还应做到以下几点。

1. 设置检修指挥机构

为了加强停车检修工作的集中领导和统一计划、统一指挥，形成一个信息畅通、决策迅速的指挥中心，以确保停车检修的安全顺利进行。针对装置检修项目及特点，明确分工，分片包干，各司其职，各负其责。

2. 制定安全检修方案

装置停车检修必须制定停车、检修、开车方案及安全措施。安全检修方案由检修单位的机械员或施工技术员负责编制。

安全检修方案，按设备检修任务书中的规定格式认真填写齐全，其主要内容应包括：检修时间、内容、质量标准、工作程序、施工方法、起重方案、安全措施，明确施工负责人、检修项目负责人等。

3. 制定检修安全措施

除了制定动火作业、动土作业、罐内空间作业、登高作业、电气作业、起重作业等方面的安全措施外，还应针对检修作业的内容、范围，制定其他相应的安全措施；安全部门还应制定教育、检查、奖罚的管理办法。

4. 进行技术交底，做好安全教育

检修前，安全检修方案的编制人负责向参加检修的全体人员进行检修方案技术交底，使其明确检修内容、步骤、方法、质量标准、人员分工、注意事项、存在的危险因素和由此而采取的安全技术措施等，从而分工明确、责任到人，同时还要组织检修人员到检修现场，了解和熟悉现场环境，进一步核实安全措施的可靠性。技术交底工作结束后，还应对参加作业的人员进行安全教育，主要内容如下：

① 相关的安全规章制度；

② 作业现场和作业过程中可能存在的危险、有害因素及应采取的具体安全措施；

③ 作业过程中所使用的个体防护器具的使用方法及使用注意事项；

④ 事故的预防、避险、逃生、自救、互救等知识和技能；

⑤ 相关事故案例和经验教训。

5. 全面检查，消除隐患

装置停车检修前，应由检修指挥部统一组织，分组对停车前的准备工作进行一次全面细致的检查，同时要落实好（可能存在的）以下几项工作：

① 有腐蚀性介质的作业场所应配备应急冲洗设备及水源；

② 对放射源采取相应的安全处置措施；

③ 作业现场消防通道、行车通道应保持畅通；影响作业安全的杂物应清洗干净；

④ 作业现场的梯子、栏杆、平台、篦子板、盖板等设施应完整、牢固，采用的临时设施应确保安全。

二、化工装置检修前的安全停车及安全处理

化工生产装置的停车及停车后安全处理是确保生产装置安全运行的重要环节。在石油化工生产中，停车是指将生产装置停止运行，通常是为了维修、检修、改造等。

（一）停车操作注意事项

停车方案一经确定，应严格按停车方案确定的停车时间、停车程序以及各项安全措施有

秩序地进行停车。停车操作及应注意问题如下：

① 卸压。系统卸压要缓慢，由高压降至低压，应注意压力不得降至零，更不能造成负压，一般要求系统内保持微弱正压。在未做好卸压前，不得拆动设备。

② 降温。降温应按规定的降温速率进行降温，须保证达到规定要求。高温设备不能急骤降温，避免造成设备损伤，以切断热源后强制通风或自然冷却为宜，一般要求设备内介质温度要低于 60℃。

③ 排净。排净生产系统（设备、管道）内残留的气、液、固体物料。如果物料确实不能完全排净，则应在安全检修交接书中详细记录，并进一步采取安全措施，排放残留物必须严格按规定地点和方法进行，不得随意放空或排入下水道，以免污染环境或发生事故。

（二）置换、吹扫、清洗和铲除

1. 置换

为保证检修动火和进入设备内作业安全，在检修范围内的所有设备和管线中的易燃易爆、有毒有害气体应进行置换。对易燃易爆、有毒有害气体的置换，大多采用蒸汽、氮气等惰性气体作为置换介质，也可采用注水排气法将易燃易爆、有毒有害气体排出。置换作业安全注意事项如下：

① 被置换的设备、管道等必须与系统进行可靠隔绝。

② 置换前应制定置换方案，绘制置换流程图，根据置换和被置换介质密度不同，合理选择置换介质入口、被置换介质排出口及取样部位，防止出现死角。

③ 置换要求。用水作为置换介质时，一定要保证设备内注满水，严禁注水未满。用惰性气体作置换介质时，必须保证惰性气体用量（一般为被置换介质容积的 3 倍以上）。按置换流程图规定的取样点取样、分析，并应达到合格。

2. 吹扫

对设备和管道内没有排净的易燃、有毒液体，一般采用蒸汽或惰性气体进行吹扫的方法清除。吹扫作业安全注意事项：①吹扫作业应该根据停车方案中规定的吹扫流程图，按管段号和设备位号逐一进行，并填写登记表。在登记表上注明管段号、设备位号、吹扫压力、进气点、排气点、负责人等。②吹扫结束时应先关闭物料闸，再停气，以防管路系统介质倒流。③吹扫结束后应取样分析，合格后及时与运行系统隔绝。

3. 清洗和铲除

对置换和吹扫都无法清除的黏结在设备内壁的易燃、有毒物质的沉积物及结垢等，还必须采用清洗和铲除的办法进行处理。清洗一般有蒸煮和化学清洗两种。

（1）蒸煮　一般说来，较大的设备和容器在清除物料后，都应用蒸汽、高压热水喷扫或用碱液（氢氧化钠溶液）通入蒸汽煮沸，蒸汽宜用低压饱和蒸汽；被喷扫设备应有静电接地，防止产生静电火花引起燃烧、爆炸事故，防止烫伤及碱液灼伤。

（2）化学清洗　常用碱洗法、酸洗法、碱洗与酸洗交替使用法等方法。碱洗和酸洗交替使用法适于单纯对设备内氧化铁沉积物的清洗，若设备内有油垢，先用碱洗去油垢，然后清水洗涤，接着进行酸洗，氧化铁沉积物即溶解。若沉积物中除氧化铁外还有铜、氧化铜等物质，仅用酸洗法不能清除，应先用氨溶液除去沉积物中的铜成分，然后进行酸洗。化学清洗后的废液处理后方可排放。

对某些设备内的沉积物，也可用人工铲刮的方法予以清除。进行此项作业时，应符合进设备作业安全规定，特别应注意的是，对于可燃物的沉积物的铲刮应使用铜质、木质等不产生火花的工具，并对铲刮下来的沉积物进行妥善处理。

（三）装置环境安全标准

通过各种处理工作，生产车间在设备交付检修前，必须对装置环境进行分析，达到下列标准：

① 在设备内检修、动火时，氧含量应为19%～21%，燃烧爆炸物质浓度应低于安全值，有毒物质浓度应低于职业接触限值；

② 设备外壁检修、动火时，设备内部的可燃气体含量应低于安全值；

③ 检修场地水井、沟，应清理干净，加盖砂封，设备管道内无余压、无灼烫物、无沉淀物；

④ 设备、管道物料排空后，加水冲洗，再用氮气、空气置换至设备内可燃物含量合格，氧含量在19%～21%。

（四）盲板抽堵

盲板抽堵作业是指在设备、管道上安装和拆卸盲板的作业。

化工生产装置之间、装置与储罐之间、厂际之间，有许多管线相互连通输送物料，因此生产装置停车检修，在装置退料进行蒸、煮、水洗置换后，需要在检修的设备和运行系统管线相接的法兰接头之间插入盲板，以防物料窜进检修装置。

盲板抽堵应注意以下几点：

① 盲板抽堵作业应由专人负责，根据工艺技术部门审查批复的工艺流程盲板图，进行盲板抽堵作业，统一编号，作好抽堵记录；

② 负责盲板抽堵的人员要相对稳定，一般情况下，盲板抽堵的工作由一人负责；

③ 盲板抽堵的作业人员，要进行安全教育及防护训练，落实安全技术措施；

④ 登高作业要考虑防坠落、防中毒、防火、防滑等措施；

⑤ 拆除法兰螺栓时要逐步缓慢松开，防止管道内余压或残余物料喷出，发生意外事故，堵盲板的位置应在来料阀的后部法兰处，盲板两侧均应加垫片，并用螺栓紧固，做到无泄漏；

⑥ 盲板应具有一定的强度，其材质、厚度要符合技术要求，原则上盲板厚度不得低于管壁厚度，且要留有把柄，并于明显处挂牌标记。

任务二　化工装置检修安全作业

一、化工装置检修作业的一般安全要求

1. 检修许可制度

化工生产装置停车检修，尽管经过全面吹扫、蒸煮水洗、置换、抽堵盲板等工作，但检

修前仍需对装置系统内部进行取样分析、测爆，进一步核实装置内空气中可燃或有毒物质是否符合安全标准，认真执行安全检修票证制度。

2. 检修作业安全要求

作业前，作业单位应办理作业审批手续，并由相关责任人签字确认。

为保证检修安全工作顺利进行，应做好以下几个方面的工作：

① 参加检修的一切人员都应严格遵守检修指挥部颁布的《检修安全规定》。

② 开好检修班前会，向参加检修的人员进行“五交”工作，即交施工任务、交安全措施、交安全检修方法、交安全注意事项、交遵守有关安全规定，认真检查施工现场，落实安全技术措施。

③ 严禁使用汽油等易挥发性物质擦洗设备或零部件。

④ 进入检修现场人员必须按要求着装及正确佩戴相应的个体防护用品；特种作业和特种设备作业人员应持证上岗。

⑤ 认真检查各种检修工器具，发现缺陷，立即修理或更换；作业使用的个体防护器具、消防器材、通信设备、照明设备等应完好；作业使用的脚手架、起重机械、电气焊用具、手持电动工具等各种工器具应符合作业安全要求，超过安全电压的手持式、移动式电动工具应逐个配置漏电保护器和电源开关。

⑥ 消防井、栓周围 5m 以内禁止堆放废旧设备、管线、材料等物件，确保消防通道、行车通道保持畅通；影响作业安全的杂物应清理干净；作业现场可能危及安全的坑、井、沟、孔洞等应采取有效防护措施，并设警示标志，夜间应设警示红灯；需要检修的设备上的电器电源应可靠断电，在电源开关处加锁并挂安全警示牌。

⑦ 检修施工现场，不许存放可燃、易燃物品；检修现场的梯子、栏杆、平台、篦子板、盖板等设施应完整、牢固，采用的临时设施应确保安全。

⑧ 严格贯彻“谁主管谁负责”检修原则和安全监察制度。

⑨ 作业完毕，应恢复作业时拆移的盖板、篦子板、扶手、栏杆、防护罩等安全设施的安全使用功能；将作业用的工器具、脚手架、临时电源、临时照明设备等及时撤离作业现场；将废料、杂物、垃圾、油污等清理干净。

二、几种典型化工装置安全作业的要求

（一）动火作业

动火作业是指在直接或间接产生明火的工艺设备以外的禁火区内可能产生的火焰、火花或炽热表面的非常规作业，如使用电焊、气焊（割）、喷灯、砂轮等的作业。

依据《危险化学品企业特殊作业安全规范》（GB 30871—2022）的规定，固定动火区的设定应由作业单位提出申请，经化学品生产单位审批后划定，设置明显标识。应至少每年对固定动火区进行一次风险研判，重新审批后划定；遇有周围环境发生变化，化学品生产单位应重新识别划定。

固定动火区外的动火作业一般分为特级动火、一级动火和二级动火三个级别；遇节假日、重点时段或其他特殊情况，动火作业应升级管理。

（1）特级动火作业　是指在运行状态下的易燃易爆生产装置的设备、管道、储罐等部位

上及其他特殊危险场所进行的动火作业。带压不置换动火作业按特殊动火作业管理；易燃易爆危险化学品一、二、三级重大危险源罐区、易燃易爆危险化学品仓储经营企业构成重大危险源的罐区动火作业全部按特级动火进行管理。

（2）一级动火作业　在易燃易爆场所进行的除特级动火作业以外的动火作业，厂区管廊上的动火作业按一级动火作业管理。

（3）二级动火作业　除特级动火作业和一级动火作业以外的动火作业。凡生产装置或系统全部停车装置经清洗、置换、分析合格并采取安全隔离措施后，可根据其火灾、爆炸危险性大小，经所在单位安全管理负责人批准，动火作业可按二级动火作业管理。

特级动火、一级动火作业的安全作业证有效期不应超过 8h；二级动火作业的安全作业证有效期不应超过 72h。

1. 动火作业的危险性

① 系统安全措施不到位，如废料处理不干净、容器内存在死角、盲板插加不合理、相连物料管线未隔开、阀门内漏等，动火时易发生火灾爆炸事故。

② 可燃、易爆介质吸附在设备、管道内壁表面的积垢或外表面的保温材料中，如处理不干净，动火时会释放出来，易发生火灾爆炸事故。

③ 化工生产动火点周围及下方存在易燃易爆物品，如未清除干净，易发生火灾爆炸事故。

④ 管理方面不按规定办理动火证、不执行动火证规定的安全措施时，易造成火灾爆炸事故。

2. 动火作业安全要求

（1）审证　在禁火区内动火应办理动火证的申请、审核和批准手续，明确动火地点、动火时间、动火方案、安全措施、现场监护人等。审批动火应考虑两个问题：一是动火设备本身，二是动火的周围环境。要做到“三不动火”，即没有动火证不动火，防火措施不落实不动火，监护人不在现场不动火。

（2）联系　动火前要和生产车间、工段联系，明确动火的设备、位置。事先由专人负责做好动火设备的置换、清洗、吹扫、隔离等清除危险因素的工作，并落实其他安全措施。

（3）隔离　动火设备应与其他生产系统可靠隔离，防止运行中设备、管道内的物料泄漏到动火设备中来；将动火地区与其他区域采取临时隔火墙等措施加以隔开，防止火星飞溅而引起事故。

（4）移去可燃物　将动火地点周围 10m 以内的一切可燃物，例如溶剂、润滑油、未清洗的盛放过易燃液体的空桶、木筐等移到安全地点。

（5）落实应急灭火措施　动火期间，动火地点附近的水源要保证充足，不可中断；在动火现场准备好适用且数量足够的灭火器具；对于火灾危险性大的重要地段的动火，应有消防车和消防队员到现场保护。

（6）检查和监护　上述工作就绪后，根据动火制度的规定，厂、车间或消防安全部门负责人应到现场进行检查，对照动火方案中提出的安全措施检查是否已落实，并再次明确落实动火监护人和动火项目负责人，交代安全注意事项。

（7）动火操作　动火操作及监护人员应由安全考试合格的人员担任，压力容器的焊补工作应由考试合格的锅炉压力容器焊工完成，无合格证者不得独自从事焊补工作。动火作业时要注意火星的飞溅方向，可采用不燃或难燃材料做成的挡板控制火星的飞溅，防止火星落入有火灾危险的区域。在动火作业中遇到生产装置紧急排空，设备、管道突然破裂或可燃物质外泄时，监护人应立即下指令停止动火，待恢复正常，重新分析合格，并经原批准部门批准，才可重新动火。高处动火应遵守高处作业的安全规定，5 级以上大风不准安排室外动火，已进行时，动火作业应停止。进行气焊作业时，氧气瓶和乙炔瓶不得有泄漏，放置地点应距明火地点 10m 以上，氧气瓶和乙炔瓶的间距不应小于 5m。在进行电焊作业时，电焊机应放于指定地点，火线和接地线应完好无损，禁止用铁棒等物品代替接地线和固定接地点，电焊机的接地线应接在被焊设备上，接地点应靠近焊接处，不准采用远距离接地回路。

（8）善后处理　动火结束后应清理现场，熄灭余火，不遗漏任何火种，切断动火作业所用的电源。

原化学工业部颁布安全生产禁令中关于动火作业的六大禁令为：

① 动火证未经批准，禁止动火；

② 不与生产系统可靠隔绝，禁止动火；

③ 不清洗，置换不合格，禁止动火；

④ 不清除周围易燃物，禁止动火；

⑤ 不按时做动火分析，禁止动火；

⑥ 没有消防措施，禁止动火。

3. 特殊动火作业安全要求

（1）油罐带油动火　油罐带油动火除了检修动火应做到的安全要求外，还应注意：在油面以上不准动火；补焊前应进行壁厚测定，根据测定的壁厚确定合适的焊接方法；动火前用铅或石棉绳等将裂缝塞严，外面用钢板补焊。罐内带油油面下动火补焊作业危险性很大，只在万不得已的情况下才采用，作业时要求稳、准、快，现场监护和补救措施比一般检修动火更应该加强。

（2）油管带油动火　处理的原则与油罐带油动火相同，只是在油管破裂，生产无法进行的情况下，才用抢修堵漏。油管带油动火应注意：测定焊补处管壁厚度，决定焊接电流和焊接方案，防止烧穿；清理周围现场，移去一切可燃物；准备好消防器材，并利用难燃或不燃挡板严格控制火星飞溅方向；降低管内油压，但须保持管内油品的不停流动；对泄漏处周围的空气要进行分析，符合动火安全要求才能进行动火作业；若是高压油管，要降压后再打卡子焊补；动火前应与生产部门联系，在动火期间不得卸放易燃物资。

（3）带压不置换动火　带压不置换动火指可燃气体设备、管道在一定的条件下未经置换直接动火补焊。带压不置换动火的危险性极大，一般情况下不主张采用。必须采用带压不置换动火时，应注意：整个动火作业必须保持稳定的正压；必须保证系统内的含氧量低于安全标准（除环氧乙烷外一般规定可燃气体中含氧量不得超过 1%）；焊前应测定壁厚，保证焊时不烧穿才能工作；动火焊补前应对泄漏处周围的空气进行分析，防止动火时发生爆炸和中毒；作业人员进入作业地点前穿戴好防护用品，作业时作业人员应选择合适位置，防止火焰外喷烧伤。整个作业过程中，监护人、扑救人员、医务人员及现场指挥都不得离开，直至工作结束。

根据《危险化学品企业特殊作业安全规范》（GB 30871—2022）的要求，在动火作业前，必须办理《动火安全作业证》，没有《动火安全作业证》不准进行动火作业。

（二）受限空间作业

进入化工生产区域内的各类塔、釜、槽、罐、炉膛、锅筒、管道以及地下室、阴井、地坑、下水道或其他封闭场所内进行的作业，均为进入设备作业，也称受限空间作业。

1. 受限空间作业的危险性

① 易燃易爆、有毒有害的危险性物料容易引发火灾爆炸事故。

② 通风不良，存在有毒气体超标、高温、缺氧等情况，导致人员中毒或窒息事故。

③ 空间小，照明不良，作业环境差，发生机械伤害、触电等事故。

④ 进出通道堵塞，影响作业人员紧急撤离。

⑤ 作业时间长，容器通风不好，有造成窒息的危险。

2. 受限空间作业安全要求

（1）应对受限空间进行安全隔绝，要求如下：

① 与受限空间连通的可能危及安全作业的管道应采用插入盲板或拆除一段管道的方式进行隔离，严禁以水封或关闭阀门代替盲板作为隔断措施；

② 与受限空间连通的可能危及安全作业的孔、洞应进行严密封堵；

③ 受限空间内的用电设备应停止运行并切断电源，在电源开关处上锁并加挂警示牌。

（2）作业前，应根据受限空间盛装（过）的物料特性，对受限空间进行清洗或置换，并对受限空间进行气体检测，检测内容及达到要求如下：

① 氧含量为19.5％～21％，在富氧环境下不应大于23.5％；

② 有毒物质允许浓度应符合GBZ2.1的规定；

③ 可燃气体、蒸气浓度要求应符合GB 30871—2022相关规定。

（3）应保持受限空间空气流通良好，可采取如下措施：

① 打开人孔、手孔、料孔、风门、烟门等与大气相通的设施进行自然通风；

② 必要时，应采用风机强制通风或管道送风，管道送风前应对管道内介质和风源进行分析确认。

（4）应对受限空间内的气体浓度进行严格监测，监测要求如下：

① 作业前30min内，应对受限空间进行气体分析，分析合格后方可进入；

② 监测点应有代表性，容积较大的受限空间，应对上、中、下各部位进行监测分析；

③ 分析仪器应在校验有效期内，使用前应保证其处于正常工作状态；

④ 监测人员进入或探入受限空间监测时应采取（6）中规定的个体防护措施；

⑤ 作业现场应配置便携式或移动式气体检测报警仪，连续监测受限空间内氧气、可燃气体、蒸气和有毒气体浓度，发现气体浓度超限报警，应立即停止作业、撤离人员、对现场进行处理，重新检测分析合格后方可恢复作业；

⑥ 涂刷具有挥发性溶剂的涂料时，应采取强制通风措施；

⑦ 作业中断时间超过60min时，应重新进行分析。

（5）当一处受限空间内存在动火作业时，该处受限空间内严禁安排涂刷等其他作业活动。

（6）进入受限空间作业人员应按规定着装并正确佩戴相应的个体防护用品；进入下列受限空间作业应采取如下防护措施：

① 缺氧或有毒的受限空间经清洗或置换仍达不到（2）要求的，应佩戴隔绝式呼吸防护装备，并应拴带救生绳；

② 易燃易爆的受限空间经清洗或置换仍达不到（2）要求的，应穿防静电工作服及防静电工作鞋，使用防爆型低压灯具及防爆工具；

③ 存在酸碱等腐蚀性介质的受限空间，应穿戴防酸碱防护服、防护鞋、防护手套等防腐蚀用品；

④ 电焊作业，应穿戴绝缘鞋；

⑤ 进入有噪声产生的受限空间，应佩戴耳塞或耳罩等防噪声护具；

⑥ 进入有粉尘产生的受限空间，应佩戴防尘口罩、眼罩等防尘护具；

⑦ 进入高温的受限空间作业时，应穿戴高温防护用品，必要时采取通风、隔热、佩戴通信设备等防护措施；

⑧ 进入低温的受限空间作业时，应穿戴低温防护用品，必要时采取供暖、佩戴通信设备等措施；

⑨ 在受限空间内从事清污作业，应佩戴隔绝式呼吸防护装备，并应拴带救生绳。

（7）照明及用电安全要求如下：

① 受限空间照明电压应小于等于 36V，在潮湿容器、狭小容器内作业电压应小于等于 12V；

② 在潮湿容器中，作业人员应站在绝缘板上，同时保证金属容器接地可靠。

（8）在受限空间外应设有专人监护，作业监护人应承担以下职责：

① 作业监护人应熟悉作业区域的环境和风险情况，有判断和处理异常情况的能力，掌握急救知识；

② 作业监护人在作业人员进入受限空间作业前，负责对安全措施落实情况进行检查，发现安全措施不落实或不完善时，应制止作业；

③ 作业监护人应清点出入受限空间的作业人数，在出入口处保持与作业人员的联系，当发现异常情况时，应及时制止作业，并立即采取救护措施；

④ 在风险较大的受限空间作业时，应增设监护人员；

⑤ 作业过程中必须实行全过程监护，作业监护人在作业期间，不得离开作业现场或做与监护无关的事。

（9）应满足的其他要求如下：

① 受限空间外应设置安全警示标志，备有隔绝式呼吸防护装备、消防器材和清水等相应的应急器材及用品；

② 受限空间出入口应保持畅通；

③ 作业前后应清点作业人员和作业工器具；

④ 作业人员不应携带与作业无关的物品进入受限空间；作业中不应抛掷材料、工器具等物品，在有毒、缺氧环境下不应摘下防护面具；不应向受限空间充氧气或富氧空气；离开受限空间时应将气割（焊）工器具带出；

⑤ 难度大、劳动强度大、时间长、高温的受限空间作业应采取轮换作业方式；

⑥ 作业结束后，受限空间所在单位和作业单位共同检查受限空间内外，确认无问题后

方可封闭受限空间；

⑦ 受限空间安全作业证有效期不应超过 24h，超过 24h 的作业应重新办理作业审批手续；

⑧ 作业期间发生异常情况时，严禁无防护救援；

⑨ 受限空间作业停工期间，应增设警示标志，并采取防止人员误入的措施。

（三）高处作业

凡在坠落高度基准面 2m 以上（含 2m）有可能坠落的高处进行的作业，均称为高处作业。在化工企业，作业高度虽在 2m 以下，但属下列作业的，仍视为高处作业：虽有护栏的框架结构装置，但进行的是非经常性工作，有可能发生意外的工作；在无平台，无护栏的塔、釜、炉、罐等化工设备和架空管道上的作业；高大单独的化工设备容器内进行的登高作业；作业地段的斜坡（坡度大于 45°）下面或附近有坑、井和风雪袭击、机械振动以及有机械转动或堆放物易伤人的地方作业等。

一般情况下，高处作业按作业高度可分为四个等级。作业高度在 2～5m 时，称为一级高处作业：作业高度在 5～15m 时，称为二级高处作业；作业高度在 15～30m 时，称为三级高处作业；作业高度在 30m 以上时，称为四级高处作业。

1. 高处作业的危险性

① 脚手架搭设不规范、稳定性差，造成高处坠落事故。

② 周围环境变化，有毒气体突然散发时，易造成中毒及高处坠落事故。

③ 未落实安全措施（未办登高作业证、未系安全带、未戴安全帽），易造成高处坠落事故和物体撞击事故。

④ 检修时将围栏、楼板等移开后未采取相应的措施而发生坠落。

在检修过程中，人员还可能被灼伤、烧伤；在狭小场所碰撞摔倒、跌打损伤；被卷入运转的机器设备里，有断伤肢体等危险。同时，施工用的起重机械、卷扬机、手动砂轮未经检查而发生事故等情况，也应引起高度重视。

2. 高处作业安全要求

（1）作业人员　患有精神病等职业禁忌证的人员禁止参加高处作业。检修人员饮酒、精神不振时禁止登高作业。作业人员必须持有作业票。

（2）作业条件　高处作业必须戴安全帽、系安全带。作业高度 2m 以上应设置安全网，并根据位置的升高随时调整。高度超过 15m 时，应在作业位置垂直下方 4m 处，架设一层安全网，且安全网数不得少于 3 层。

（3）现场管理　高处作业现场应设有围栏或其他明显的安全界标，除有关人员外，不允许其他人员在作业点的下方通行或逗留。

（4）防止工具材料坠落　高处作业应一律使用工具袋。较粗、较重工具应用绳牢牢拴在坚固的构件上，不允许随便乱放；在格栅式平台上工作，为防止物件坠落，应铺设木板；递送工具、材料不准上下投掷，应用绳系牢后上下吊送；上下层同时进行作业时，中间必须搭设严密牢固的防护隔板、罩棚或其他隔离设施；工作过程中除指定的、已采取防护的围栏或落料管槽可以倾倒废料外，任何作业人员严禁向下抛掷物料。

（5）防止触电和中毒 脚手架搭设时应避开高压电线，无法避开时，作业人员在脚手架上的活动范围及其所携带的工具、材料等与带电导线的最短距离，应大于安全距离（电压等级≤110kV时，安全距离为2m；220kV时，为3m；330kV时，为4m）。高处作业地点靠近放空管时，应事先与生产车间联系，保证高处作业期间生产装置不向外排放有毒有害物质，并事先向高处作业的全体人员交代清楚安全防护措施，例如，万一有毒有害物质排放时，应迅速撤离现场。

（6）气象条件 六级以上大风、暴雨、打雷、大雾等恶劣天气，应停止露天高处作业。

（7）注意结构的牢固性和可靠性 在槽顶、罐顶、屋顶等设备或建筑物、构筑物上作业时，临空一面应装安全网或栏杆等防护措施。事先应检查其牢固可靠程度，防止失稳或破裂等可能出现的危险。严禁直接站在油毛毡、石棉瓦等易碎裂材料的结构上作业，为防止误登，应在这类结构的醒目处挂上警告牌。登高作业人员不准穿塑料底等易滑的或硬质厚底的鞋子。冬季严寒作业应采取防冻防滑措施或轮流进行作业。

3. 脚手架的安全要求

高处作业使用的脚手架和吊架必须能够承受站在上面的人员、材料等的重量。禁止在脚手架和脚手板上放置超过计算荷重的材料。一般脚手架的荷重量不得超过270kg/㎡。脚手架使用前，应经有关人员检查验收，认可后方可使用。

（1）脚手架材料 脚手架的杆柱可采用木杆、竹竿或金属管，木杆应采用剥皮杉木或其他坚韧的硬木，禁止使用杨木、柳木、桦木、油松和其他腐朽、折裂、枯节等易折断的木料；竹竿应采用坚固无伤的毛竹；金属管应无腐蚀，各根管子的连接部分应完整无损，不得使用弯曲、压扁或者有裂缝的管子。木质脚手架踏脚板的厚度不应小于4cm。

（2）脚手架的连接与固定 脚手架要与建筑物连接牢固。禁止将脚手架直接搭靠在楼板的木楞上及未经计算荷重的构件上，也不得将脚手架和脚手架板固定在栏杆、管子等不十分牢固的结构上；立杆或支杆的底端宜埋入地下。遇松土或者无法挖坑时，必须绑设地杆子。

金属管脚手架的立杆应垂直稳固地放在垫板上，垫板安置前需把地面夯实、整平。立杆应套上由支柱底板及焊在底板上的管子组成的柱座，连接各个构件间的铰链螺栓一定要拧紧。

（3）脚手板、斜道板和梯子 脚手板和脚手架应连接牢固；脚手板的两头都应放在横杆上，固定牢固，不准在跨度间有接头。

斜道板要满铺在架子的横杆上；斜道两边、斜道拐弯处和脚手架工作面的外侧应设1.2m高的栏杆，并在栏杆下部加设18cm高的挡脚板；通行手推车的斜道坡度不应大于1∶7，其宽度单方向通行应大于1m，双方向通行大于1.5m；斜道板厚度应大于5cm。

脚手架一般应装有牢固的梯子，以便作业人员上下和运送材料。使用起重装置吊重物时，不准将起重装置和脚手架的结构相连接。

（4）临时照明 脚手架上禁止乱拉电线。必须装设临时照明时，木、竹脚手架应加绝缘子，金属脚手架应另设横担。

（5）冬季、雨季防滑 冬季、雨季施工应及时清除脚手架上的冰雪、积水，并要撒上沙子、锯末、炉灰或铺上草垫。

（6）拆除 脚手架拆除前，应在其周围设围栏，通向拆除区域的路段挂警告牌：高层脚手架拆除时应有专人负责监护；敷设在脚手架上的电线和水管先切断电源、水源，然后拆除，电线拆除由电工承担；拆除工作应由上而下分层进行，拆下来的配件用绳索捆牢，用起重设备或绳子吊下，不准随手抛掷；不准用整个推倒的办法或先拆下层主柱的方法来拆除；栏杆和扶梯不应先拆除，而要与脚手架的拆除工作同时配合进行；在电线附近拆除应停电作业，若不能停电应采取防触电和防碰坏电路的措施。

（7）悬吊式脚手架和吊篮　悬吊式脚手架和吊篮应经过设计和验收，所用的钢丝绳及大绳的直径要由计算决定。计算时安全系数：吊物用不小于6，吊人用不小于14。钢丝绳和其他绳索事前应作1.5倍静荷重试验，吊篮还需作动荷重试验。动荷重试验的荷重为1.1倍工作荷重，作等速升降，记录试验结果。每天使用前应由作业负责人进行挂钩，并对所有绳索进行检查。悬吊式脚手架之间严禁用跳板跨接使用。拉吊篮的钢丝绳和大绳，应不与吊篮边沿、房檐等棱角相摩擦。升降吊篮的人力卷扬机应有安全制动装置，以防止因操作人员失误使吊篮落下。卷扬机应固定在牢固的地锚或建筑物上，固定处的耐拉力必须大于吊篮设计荷重的5倍；升降吊篮由专人负责指挥。使用吊篮作业时应系安全带，安全带拴在建筑物的可靠处。

根据《危险化学品企业特殊作业安全规范》（GB 30871—2022）的要求，高处作业，必须办理《高处安全作业证》，持证作业。

案例介绍

【案例1】 某年3月，齐鲁石化公司化肥合成氨装置按计划进行年度大修。氧化锌槽于当日降温，氮气置换合格后准备更换催化剂。操作时，因催化剂结块严重，且催化剂受阻，办理进塔罐许可证后进入疏通。连续作业几天后，开始装填催化剂。一助理工程师在没办理进塔罐许可证的情况下，攀软梯而下，突然从5m高处掉入槽底。事故的主要原因是：该助理工程师进行罐内作业时未办理许可证。

【案例2】 某年7月，扬子石油化工公司检修公司运输队在聚乙烯车间安装电机。工作时，班长用钢丝绳拴绑4只5t滑轮并一只16t液化千斤顶及两根钢丝绳，然后打手势给吊车司机起吊。当吊车作抬高吊臂的操作时，一只5t的滑轮突然滑落，砸在吊车下的班长头上，班长经抢救无效死亡。事故的主要原因是：班长在指挥起吊工作前，未按起重安全规程要求对起吊工具进行安全可靠性检查，并且违反“起吊重物下严禁站人”的安全规定。

【案例3】 某年6月，抚顺石化公司石油二厂发生一起多人伤亡事故。事故的主要原因是：起重班违反脚手架搭设标准，立杆间距达2.3m，小横杆间距达2.4m，属违章施工作业。且在脚手架搭设完毕后，没有进行质量和安全检查。工作人员高处作业时没有系安全带。

【案例4】 某年2月，河南省某市电石厂醋酸车间发生一起浓乙醛贮槽爆炸事故，造成2人死亡，1人重伤。事故的主要原因是：该车间检修一台氮气压缩机，停机后没有将此压缩机氮气入口阀门切断，也不插盲板。停车检修时，空气被大量吸入氮气系统，另一台正在工作的氮气压缩机把混有大量空气的氮气送入浓乙醛贮槽，引起强烈氧化反应，发生化学爆炸。

【案例5】 某年9月，吉林省某化工厂季戊四醇车间发生一起爆炸事故，造成3人死亡，2人受伤。事故的主要原因是：甲醇中间罐泄漏，检修后必须用水试压，恰逢全厂水管大修，工人违章用氮气进行带压试漏，因罐内超压，罐体发生爆炸。

【案例6】 某年6月，燕山石化公司合成橡胶厂抽提车间发生一起氮气窒息事故。事故的主要原因是：抽提车间在实施隔离措施时，忽视了主塔蒸汽线在再沸器恢复后应及时追加盲板，致使氮气蹿入塔内，导致工人进塔工作窒息死亡。

习题

一、问答题

1. 简述化工装置的检修特点及分类。
2. 停车检修操作有哪些安全要求？
3. 动火作业的安全要点有哪些？
4. 如何保证检修后安全开车？
5. 如何实现化工装置检修期间的安全操作？
6. 受限空间作业的危险性及作业安全要求有哪些？

二、思考题

1. 如何保证设备检修中动火作业、高处作业、受限空间作业的安全？
2. 化工装置检修满足一般作业安全要求，是否就一定能保证安全生产？
3. 结合【案例1】～【案例6】的事故描述，分析导致事故发生的根本原因，谈谈今后走上工作岗位如何保障安全生产。

项目七 企业安全文化的建设

学习目标

知识目标

（1）了解企业安全文化建设的内涵、重要性和必要性。

（2）掌握安全生产“五要素”的具体内容及“五要素”间的相互关系。

（3）熟悉企业安全文化建设实施的举措。

（4）熟悉企业安全文化建设实施过程中应注意的问题。

能力目标

（1）能正确认识企业安全文化建设的重要性和必要性。

（2）能正确认识安全生产“五要素”间的相互关系。

（3）能初步运用企业安全文化建设实施的举措开展企业安全文化建设。

（4）能发现企业安全文化建设实施过程中存在的问题。

素质目标

（1）提高对企业安全文化建设的重要性和必要性认识。

（2）进一步认识安全生产“五要素”间的相互关系。

（3）树立企业安全文化建设的意识。

任务一　安全文化建设的认知

一、企业安全文化建设的意义

1. 企业安全文化建设的内涵

安全文化作为一个概念是在 1986 年国际原子能机构总结切尔诺贝利事故中人为因素的基础上提出的，定义为“存在于单位和个人的种种特性和态度的总和”。“安全文化”概念的提出及被认同标志着安全科学已发展到一个新的阶段，同时又说明安全问题正被越来越多的人的关注和认识。推进企业安全文化建设的主要目的是提高企业全员对企业安全生产问题的认识程度及提高企业全员的安全意识水平。

《企业安全文化建设导则》（AQ/T 9004—2008）将企业安全文化定义为被企业组织的员工群体所共享的安全价值观、态度、道德和行为规范组成的统一体。企业安全文化建设就是通过综合的组织管理等手段，使企业的安全文化不断进步和发展的过程。

2. 企业安全文化建设的必要性和重要性

（1）开展企业安全文化建设的必要性　开展企业安全文化建设的最终目的是实现企业安全生产，降低事故发生率。应当承认的是，我国安全法制尚在健全过程中，企业安全管理仍脱离不了“人治”。因而企业安全生产状况的好坏，与企业负责人的重视程度有密切关系。企业负责人对安全生产重视，必然会在涉及安全生产的各个方面加大安全投入。开展企业安全文化建设对企业而言重要意义之一就在于将企业安全生产问题提高到一个新的认识程度，而这一点恰恰是企业搞好自身安全生产的内在动力。搞好企业安全文化建设也是贯彻“安全第一、预防为主、综合治理”方针的重要途径。在以上两层意义的基础上，可以说企业安全文化建设是提高企业安全生产水平的基础性工程，搞好企业安全文化建设的必要性显而易见。

（2）正确认识企业安全文化建设的重要性　企业安全文化建设的一个重要任务就是提高企业全员的安全意识水平，形成正确的企业安全生产价值观。事实上，安全意识薄弱可以说是我国企业安全生产水平持续在低水平徘徊的一个重要的原因。安全意识支配着人们在企业生产中的安全行为，由于人们实践活动经验的不同和自身素质的差异，对安全的认识程度就有不同，安全意识就会出现差别。安全意识的高低将直接影响安全生产的效果。安全意识好的人往往具有较强的安全自觉性，就会积极地、主动地对各种不安全因素和恶劣的工作环境进行改造；反之，安全意识差的人则对所从事的工作领域中的各种危险认识不足或察觉不到，当出现各种灾害时就反应迟钝。如发生在20世纪80年代末期的哈尔滨白天鹅宾馆的特大火灾，人员伤亡惨重，令人不堪回首。而临场的日本人则用湿毛巾堵住口鼻，从安全门平安逃脱。这正是日本人从小接受防火教育，安全意识强，逃生能力强的结果。因此，只有充分认识到安全意识的重要性，才能充分理解企业安全文化建设的重要性。

二、安全生产“五要素”及其关系

1. 安全生产“五要素”

安全生产“五要素”是指安全文化、安全法制、安全责任、安全科技和安全投入。

（1）安全文化　安全文化是指存在于单位和个人中有关安全问题的种种特性和态度的总和。其核心安全意识，是存在于人们头脑中，支配人们行为有关安全问题的思想。对公民和职工要加强宣传教育工作，普及安全常识，强化全社会的安全意识，强化公民的自我保护意识。对安全监管人员，要树立“以人为本”的执政理念，时刻把人民生命财产安全放在首位，切实落实“安全第一、预防为主、综合治理”的安全生产方针。对行业和企业，要确立具有自己特色的安全生产管理原则，落实各种事故防范预案，加强职工安全培训，确立“三不伤害”，即不伤害自己、不伤害别人、不被别人伤害的安全生产理念。

（2）安全法制　安全法制是指建立健全安全生产法律法规和安全生产执法。首先要认真学习和宣传《中华人民共和国安全生产法》及其配套法规和安全标准。其次，行业、企业要结合实际建立和完善安全生产规章制度，将已被实践证明切实可行的措施和办法上升为制度和法规。逐步建立健全全社会的安全生产法律法规体系，用法律法规来规范政府、企业、职工和公民的安全行为，真正做到有章可循、有章必循、违章必究，体现安全监管的严肃性和权威性，使“安全第一”的思想观念真正落实到日常生产生活中。

（3）安全责任　安全责任主要是指安全生产责任制度的建立和落实。企业是安全管理的责任主体，企业法定代表人、企业“一把手”是安全生产的第一责任人。第一责任人要切实负起职责，要制定和完善企业安全生产方针和制度，层层落实安全生产责任制，完善企业规章制度，治理安全生产重大隐患，保障发展规划和新项目的安全“三同时”。各级政府是安全生产的监督管理主体，要切实落实地方政府、行业主管部门及出资人机构的监管责任，科学界定各级安全生产监督管理部门的综合监管职能，建立严格且科学合理的安全生产问责制，严格执行安全生产责任追究制度，深刻吸取事故教训。

（4）安全科技　安全科技是指安全生产科学与技术的研究和应用。企业要采用先进实用的生产技术，组织安全生产技术研究开发。国家要积极组织重大安全技术攻关，研究制定行业安全技术标准、规范。积极开展国际安全技术交流，努力提高我国安全生产技术水平。采用更先进的安全装备及安全技术手段是有效控制危险生产过程的不可或缺的技术措施。比如重点监管危险化工工艺装置应实现自动化控制、系统具备紧急停车功能，构成一级、二级危险化学品重大危险源的危险化学品罐区应具备紧急切断功能，涉及毒性气体、液化气体、剧毒液体的一级、二级危险化学品重大危险源的危险化学品罐区应配备独立的安全仪表系统。

（5）安全投入　安全投入是指保证安全生产必需的资源投入，包括人力、物力、财力的投入。企业应是安全投入的主体，致力于建立企业安全生产投入长效机制。应严格按照《企业安全生产费用提取和使用管理办法》（财资〔2022〕136号）执行，企业应确保提取的安全费用专户核算，并按规定范围安排使用，不得挤占、挪用。

2. 安全生产“五要素”之间的关系

安全生产“五要素”既相对独立又相辅相成，共同构成一个有机统一的整体。安全文化是安全生产工作基础中的基础，是安全生产工作的精神指向，其他的各个要素都应该在安全文化的指导下展开。安全文化又是其他各个要素的目的和结晶，只有在其他要素健全成熟的前提下，才能培育出“以人为本”的安全文化。安全法制是安全生产工作进入规范化和制度化的必要条件，是开展其他各项工作的保障和约束；安全责任是安全法制进一步落实的手段，是安全法律法规的具体化；安全科技是保证安全生产工作现代化的工具；安全投入为其他各个要素能够开展提供物质的保障。

安全文化的最基本内涵就是人的安全意识。建设安全生产领域的安全文化，前提是要加强安全宣传教育工作，普及安全常识，强化全社会的安全意识，强化公民的自我保护意识，安全要真正做到警钟长鸣、居安思危、常抓不懈。

安全法制是保障安全生产的最有力武器，是体现安全生产管理之强制原理、实现安全生产的客观要求。因此，保障安全生产必须建立和完善安全生产法规体系，必须强化安全生产法治建设。安全生产法规健全，能够落实到位，安全生产标准执行达标，这是企业生产经营的最基本的要求和前提条件。

安全生产责任制是安全生产制度体系中最基础、最重要的制度。安全生产责任制的实质是“安全生产，人人有责”。建立和完善安全生产责任体系，不仅要强化行政责任问责制、严格执行安全生产行政责任追究制度，还要依法追究安全事故罪的刑事责任，并随着市场经济体制的完善，强化和提高民事责任或经济责任的追究力度。

安全科技是实现安全生产的重要手段。“科技兴安”是现代社会工业化生产的要求，是实现安全生产的最基本出路。安全是企业管理、科技进步的综合反映，安全需要科技的支撑，实现科技兴安是每个决策者和企业家应有的认识。安全科技水平决定安全生产的保障能力，因此，安全科技是事故预防的重要力量。只有充分依靠科学技术的手段，生产过程的安全才有根本的保障。

安全投入是安全生产的基本保障。安全生产的实现，需要安全投入的保障作为基础；提高安全生产的能力，需要为安全付出成本。没有安全投入的保障，其他四要素就很难充分发挥作用。

任务二　企业安全文化建设的实施

一、企业安全文化建设实施的举措

（1）对企业安全文化建设的承诺　企业要公开做出在企业安全文化建设方面所具有的稳定意愿及实践行动的明确承诺。企业的领导者应对安全承诺做出有形的表率，应让各级管理者和员工切身感受到领导者对安全承诺的实践。企业的各级管理者应对安全承诺的实施起到示范和推进作用，形成严谨的制度化工作方法，营造有益于安全的工作氛围，培育重视安全的工作态度。企业的员工应充分理解和接受企业的安全承诺，并结合岗位工作任务实践这种承诺。

（2）制定安全行为规范与实施程序　企业内部的行为规范是企业安全承诺的具体体现和安全文化建设的基础要求。企业应确保拥有能够达到和维持安全绩效的管理系统，建立清晰界定的组织结构和安全职责体系，以有效控制全体员工的行为。程序是行为规范的重要组成部分，建立必要的程序，以实现对与安全相关的所有活动进行有效控制的目的。

（3）建立安全行为激励机制　建立将安全绩效与工作业绩相结合的奖励制度。审慎对待员工的差错，仔细权衡惩罚措施，避免因处罚而导致员工隐瞒错误。在组织内部树立安全榜样或典范，以发挥安全行为和安全态度的示范作用。

（4）建立安全信息传播与沟通渠道　建立安全信息传播系统，综合利用各种传播途径和方式，提高传播效果。企业应就安全事项建立良好的沟通程序，确保企业与政府监管机构和相关方、各级管理者与员工、员工相互之间的沟通。

（5）创造自主学习的氛围　企业应建立正式的岗位适任资格评估和培训系统，确保全体员工充分胜任所承担的工作，以此形成自主学习的氛围。

（6）建立安全事务参与机制　全体员工积极参与安全事务有助于强化安全责任、提高全体员工的安全意识水平。

（7）审核与评估　在企业安全文化建设过程中及时地审核与评估，有助于建设工作及时的控制和改进，确保企业安全文化建设工作持续有效地开展下去。

二、企业安全文化建设实施过程中应注意的问题

1. 企业安全文化建设应该因地制宜、因人制宜、因时制宜

企业安全文化建设的内容是非常丰富的，由于不同的企业各具特点，即企业生产的安全

状况不同，全员素质不同，并且企业安全文化建设中不同企业所提供的人力、物力不同，因而在进行企业安全文化建设时，首先应正确认识本企业的特点，确定企业安全文化建设的重点，具有针对性，以形成星火燎原之势。如企业的安全组织机构不健全的首先要健全安全组织机构，安全生产责任制不明确的要进一步明确，做到各司其职，这些都是搞好企业安全生产及企业安全文化建设不可或缺的基础；企业安全管理的内容、方法不适应现阶段特点的要重新修订，要体现与时俱进的精神；安全教育效果不佳的要开动脑筋，在计划翔实的基础上开展形式多样的安全教育等。总之，要找出本企业在安全生产上的薄弱环节，因势利导地推动企业安全文化建设，才能取得事半功倍的效果。

2. 正确认识开展企业安全文化建设对解决企业事故高发问题的作用

事实上，我国的安全生产水平与发达国家相比一直存在着很大的差距。之所以形成这种差距是与我国国情密切相关的。在我国，不论是人的安全素质，设备的安全状况，还是安全法规以及安全管理体制的完善程度均与国外工业先进国家有较大的差距。造成企业事故的原因是多方面的，如人的因素、物的因素、环境的因素，其中最主要的因素是人的因素。而开展企业安全文化建设最直接的作用是提高企业全员的安全素质、安全意识水平。领导者安全意识的提高有助于加大安全投入的力度，一线工人安全意识的提高有助于人为失误率的降低，这些对降低企业事故发生率无疑是非常重要的。然而人的安全素质、安全意识的提高绝不是一朝一夕的事情，这需要经历一个潜移默化的过程，对此，我们必须要有一个清醒的认识，那种认为“只要进行企业安全文化教育就能迅速遏制企业事故高发势头”的想法是不现实的。因此，必须在紧抓企业安全文化建设的同时，努力做好如加大安全法规建设的力度和步伐，完善宏观管理体制以及微观管理制度，提高生产设备的安全水平，健全社会对企业安全生产的监督机制等工作，只有这样才能改变我国企业目前的安全生产状况。

3. 推进企业安全文化建设中还需注意的几个问题

(1) 真正树立“安全第一”意识　必须确立“人是最宝贵的财富”“人的安全第一”的思想，这是提高企业全员安全意识的思想基础，是最为关键的问题。只有对这一问题有了统一正确的认识，在组织生产时，才能把安全生产作为企业生存与发展的第一因素和保证条件；当生产与安全发生矛盾时，才能真正做到生产服从安全。

(2) 树立“全员参与”意识　尤其是使一线工人真正关注并积极参与其中。如定期召开有一线工人参加的安全会议；通过多种渠道使工人随时了解企业当时的安全状况；定期更换安全宣传主题以吸引职工对安全的注意力；定期进行诸如有奖竞猜等活动以提高职工的参与积极性和主动性。

(3) 进一步强化安全教育　回顾以往企业内部的安全教育，不是太多了，而是太少了。安全教育应该是年年讲、月月讲、周周讲、天天讲，应该像知名企业宣传其产品的广告一样不厌其烦，形象生动，从而使安全知识、安全技能、安全意识在职工的记忆中不断被强化，才能收到良好的效果。如在1994年新疆克拉玛依友谊宾馆特大火灾中，一名十岁的小学生拉着他的表妹一起跑进厕所避难并得以生还，他的这一急中生智的逃生方法，就是在一次看电影时得知的。安全教育的作用由此可见一斑。

习题

一、问答题

1. 何谓安全生产“五要素”？如何理解“五要素”之间的关系？
2. 何谓“三不伤害”的安全理念？
3. 如何理解企业安全文化建设的内涵？
4. 企业安全文化建设的举措有哪些？
5. 企业安全文化建设过程中应注意哪几方面的问题？

二、思考题

1. 为什么安全投入是安全生产基本保障？
2. 如果你是企业负责人，如何开展安全文化建设才更有利于企业安全生产？
3. 谈谈你对化工企业安全文化建设的认识。

项目八 安全生产的法律法规

学习目标

知识目标

（1）了解我国法律法规的基本知识。

（2）知晓《中华人民共和国安全生产法》的主要内容。

（3）熟悉我国主要职业安全法规。

能力目标

能够对法规执行情况进行符合性判断。

素质目标

养成依法规范自己行为的意识和习惯。

任务一　了解法的基本知识

1. 法的概念

法的概念有广义与狭义之分。广义的法是指国家按照统治阶级的利益和意志制定或者认可，并由国家强制力保证其实施的行为规范的总和。狭义的法是指具体的法律规范，包括宪法、法令、法律、行政法规、地方性法规、行政规章、判例、习惯法等各种成文法和不成文法。

2. 法律规范

法律规范一般可以分为技术规范和社会规范两大类。法律规范是社会规范的一种。法律规范是国家机关制定或者认可，由国家强制力保证其实施的一般行为规则，它反映由一定的物质生活条件所决定的统治阶级的意志。技术规范是指规定人们支配和使用自然力、劳动工具、劳动对象的行为规则。

法律规范与其他社会规范的区别：

① 法律规范是国家制定或者认可的，其适用和遵守要依靠国家强制力的保证。其他社会规范既不由国家来制定，也不依靠国家强制力来保证。

② 在一定的国家中，只能有统治阶级的法律规范。其他的社会规范则不同，在同一阶级社会中，可以有不同阶级的规范，如既有统治阶级的道德，又有被统治阶级的道德。

③ 除习惯法之外，法律规范一般具有特定的形式，由国家机关用正式文件（如法律、

命令等）规定出来，成为具体的制度。其他社会规范则不一定采用正式文件的形式公布出来。

④ 法律规范是一般行为规则。它所针对的不是个别的、特定的事或人，而是适用于大量同类的事或人；不是只适用一次就完结，而是多次适用的一般规则。

法律规范由假定、处理和制裁 3 个要素构成。假定是指适用法律规范的必要条件。每一个法律规范都是在一定的条件下才出现，而适用这一法律规范的这种条件就称为假定。处理是指行为规范本身的基本要求。它规定人们应当做什么、禁止做什么、允许做什么。处理是法律规范的中心部分，是法律规范的主要内容。制裁是指对违反法律规范将导致的法律后果的规定。如损害赔偿、行政处罚、经济制裁、判处刑罚等。法律规范这 3 个组成部分密切联系并不可缺少，既可以把各个部分规定在一个法律条文中，也可以分别规定在不同的法律条文中。

3. 法的本质

法的本质就是统治阶级实现阶级统治的工具。具体地说，它是指国家按照统治阶级的利益制定或认可，并以国家强制力保证其实施的行为规范的总和。

① 法是统治阶级意志的体现。这说明法的阶级性。法不是超阶级的，它总是一定阶级的意志的体现。

② 法只能属于统治阶级。法只能在经济上、政治上居于支配地位的阶级，即是统治阶级的意志的体现。

③ 法是统治阶级的阶级意志的体现。法是通过自己所掌握的国家政权，把自己的意志上升为国家意志，既不是统治阶级中个人意志的体现，也不应是统治阶级个别或部分（阶级、阶层）意志的体现。

4. 法的效力

法的效力即法的生效范围，是指法律规范对什么人、在什么地方和什么时间发生效力。

（1）关于人的效力　法律对什么人发生效力，各国立法原则不同，大体有 3 种情况：一是以国籍为主，即属人原则，亦称属人主义，法律只对本国人适用，不适用于外国人；外国人侨居法院地国，也不适用该国法律。二是以地域为主，即属地原则，亦称属地主义，法律规范在该国主权控制下的陆地、水域及其底床、底土和领空的领域内有绝对效力。不论本国人还是外国人，原则上一律适用该国法律。三是属人原则与属地原则相结合，即凡居住在一国领土内者，无论本国人还是外国人，原则上一律适用该国法律；但在某些问题上，对外国人仍要适用其本国法律；特别是依照国际惯例和条约，享有外交特权和豁免权的外国人，仍适用其本国法律。我国社会主义法对人的效力，采用属人主义与属地主义相结合的原则。

（2）关于地域的效力　这是指法在什么地域范围内发生效力，即从法律生效的地域角度确定法对人的效力，大体有 3 种情况：一是在全国范围内生效，即在国家主权管辖的全部领域有效，包括延伸意义上的领域，如驻外使领馆、领海及领空外的船舶和飞机。凡是国家机关制定的规范性法律文件，一般在全国范围内有效，如全国人大及其常委会制定的法律、国务院制定的行政法规，除有特殊规定之外，一般都在全国有效。二是在局部地区有效，一般是指地方国家机关制定的规范性法律文件，在该地区有效，如省、自治区、直辖市人民代表大会及其常委会制定的地方性法规，只在本行政区域内有效。三是有的法律不但在国内有效，在一定条件下其效力还可以超出国境，如《中华人民共和国刑法》规定："外国人在中华人民共和国领域外对中华人民共和国国家或者公民犯罪，而按本法规定的最低刑为三年有期徒刑的，可以适用本法；但是按照犯罪地的法律不受处罚的除外"。

（3）关于时间的效力　这是指法律何时生效和何时终止效力，主要有3种情况：一是自法律公布之日起开始生效。二是法律另行规定生效时间。三是规定法律公布后到达一定期限时生效。

法的时间效力涉及法律的溯及力问题。法律一般只适用于生效后发生的事实和关系，通常不具有溯及力。这是当今各国法律特别是刑法所共同遵循的惯例。但是法不溯及既往并不是绝对的，出于某种需要，也可以对法的时间效力作出溯及既往的规定。如我国《中华人民共和国刑法》《安全生产许可证条例》等法律、行政法规就有溯及既往的特别规定。

5. 法律责任

法律责任是指由于违法行为而应当承担的法律后果，它与法律制裁相联系。法律制裁是指依据法律对违法者采取的惩罚措施。国家公职人员、公民、法人和其他组织拒不履行法律义务，或者做出法律所禁止的行为，并具备违法行为的构成要件，则应当承担其违法行为所引起的法律后果，国家给予其法律制裁。违法行为是承担法律责任的前提，法律制裁是追究法律责任的必然结果。追究法律责任，实施法律制裁，只能由法定的国家机关实行，具有国家强制性。按照违法的性质、程度的不同，法律责任可以分为刑事责任、行政责任和民事责任。

6. 法的特征

法所表现的意志首先是一种社会意识形态，但又不单纯是意识形态，而是一种社会规范。它为人们规定一定的行为规则，指示人们在特定的条件下可以做什么，必须做什么，禁止做什么，即规定人们享有的权利和应当履行的义务，从而调整人们在社会生活中的相互关系。法作为一种社会规范，在其发生作用的范围内具有普遍性、稳定性和约束力。社会规范很多，诸如道德、风俗习惯、宗教教规，以及各种社会团体的规章等。法与上述社会规范不同，法是一种特殊的社会规范，这表现在法具有如下特征：

① 法是由特定的国家机关制定的。

② 法是依照特定的程序制定的。

③ 法具有国家强制性。

④ 法是调整人们行为的社会规范。

7. 法的分类

法的分类有不同标准，按照不同标准对法所划分的类别不同。

（1）成文法和不成文法　这是按照法的创立和表现形式所作的分类。成文法是指有权制定法律规范的国家机关依照法定程序所制定的规范性法律文件，如宪法、法律、行政法规、地方性法规等。不成文法是指未经国家制定，但经国家认可的和赋予法律效力的行为规则，如习惯法、判例、法理等。我国社会主义法属于成文法范畴。

（2）按照其法律地位和法律效力的层级划分　法应当包括宪法、法律、行政法规、地方性法规和行政规章。

① 宪法。宪法是国家的根本法，具有最高的法律地位和法律效力。宪法的特殊地位和属性，体现在 4 个方面：一是宪法规定国家的根本制度、国家生活的基本准则。如我国宪法就规定了中华人民共和国的根本政治制度、经济制度、国家机关和公民的基本权利和义务。宪法所规定的是国家生活中最根本、最重要的原则和制度，因此宪法成为立法机关进行立法活动的法律基础，宪法被称为“母法”“最高法”。但是宪法只规定立法原则，并不直接规定具体的行为规范，所以它不能代替普通法律。二是宪法具有最高法律效力。宪法具有最高法律权威，是制定普通法的依据，普通法的内容必须符合宪法的规定，与宪法内容相抵触的法律无效。三是宪法的制定与修改有特别程序。我国宪法草案是由宪法修改委员会提请全国人民代表大会审议通过的。四是宪法的解释、监督均有特别规定。我国 1982 年宪法规定，全国人民代表大会和全国人民代表大会常务委员会监督宪法的实施，全国人民代表大会常务委员会有权解释宪法。

② 法律。广义的法律与法同义。狭义的法律特指由享有立法权的国家机关依照一定的立法程序制定和颁布的规范性文件。

③ 行政法规。行政法规是国家行政机关制定的规范性文件的总称。广义的行政法规泛指包括国家权力机关根据宪法制定的关于国家行政管理的各种法律、法令；也包括国家行政机关根据宪法、法律、法令，在其职权范围内制定的关于国家行政管理的各种法规。狭义的行政法规专指最高国家行政机关即国务院制定的规范性文件。行政法规的名称通常为条例、规定、办法、决定等。

行政法规在中华人民共和国领域内具有约束力。这种约束力体现在两个方面：一是具有约束国家行政机关自身的效力。作为最高国家行政机关和中央人民政府的国务院制定的行政法规，是国家最高行政管理权的产物，它对一切国家行政机关都有拘束力，都必须执行。其他所有行政机关制定的行政措施均不得与行政法规的规定相抵触；地方性法规、行政规章的有关行政措施不得与行政法规的有关规定相抵触。二是具有拘束行政管理相对人的效力。依照行政法规的规定，公民、法人或者其他组织在法定范围内享有一定的权利，或者负有一定的义务。国家行政机关不得侵害公民、法人或者其他组织的合法权益；公民、法人或者其他组织如果不履行法定义务，也要承担相应的法律责任，受到强制执行或者行政处罚。

④ 地方性法规。地方性法规是指地方国家权力机关依照法定职权和程序制定和颁布的、施行于本行政区域的规范性文件。

⑤ 行政规章。行政规章是指国家行政机关依照行政职权所制定、发布的针对某一类事件、行为或者某一类人员的行政管理的规范性文件。行政规章分为部门规章和地方政府规章两种。部门规章是指国务院的部、委员会和直属机构依照法律、行政法规或者国务院的授权制定的在全国范围内实施行政管理的规范性文件。地方政府规章是指有地方性法规制定权的地方的人民政府依照法律、行政法规、地方性法规或者本级人民代表大会或其常务委员会授权制定的在本行政区域实施行政管理的规范性文件。

（3）宪法和普通法律　这是按照法律的内容和效力强弱所作的分类。宪法又称根本法或者母法，是具有最高地位和效力的法律文件。宪法是制定其他法律的依据，其他法律不得与宪法相抵触。普通法律是指有立法权的机关依照立法程序制定和颁布的规范性法律文件，通常规定某种社会关系或者社会关系某一方面的行为规则，其效力次于宪法。

（4）特殊法和一般法（普通法） 这是按照法律效力范围所作的分类。从空间效力看，适用于特定地区的法律为特殊法，适用于全国的法律为一般法。从时间效力看，适用于非常时期的法律（如紧急戒严法、战时实施的法律）为特殊法，适用于平时的法律为一般法。从对人的效力看，适用于特定公民的法律（如兵役法、未成年人保护法）为特殊法，适用于全国公民的为一般法。从调整对象看，适用于特定调整对象的法律为特殊法，适用于一般调整对象的法律为一般法。

任务二 了解安全生产基础法

安全生产基础法指《中华人民共和国安全生产法》以及和它平行的专门法律和相关法律，是我国安全生产领域中一部综合性大法，是综合规范安全生产法律制度的法律，是我国安全生产法律体系的核心。

《中华人民共和国安全生产法》（以下简称《安全生产法》）分为总则、生产经营单位的安全生产保障、从业人员的安全生产权利义务、安全生产的监督管理、生产安全事故的应急救援与调查处理、法律责任、附则，共计七章 119 条。

《安全生产法》是关于安全生产的基本法，适用于在中华人民共和国领域内从事生产经营活动的单位（以下统称生产经营单位）的安全生产。下面内容主要围绕《安全生产法》对生产经营单位安全生产的要求而展开。

一、对生产经营单位的安全生产提出了基本要求

① 安全生产工作坚持中国共产党的领导。安全生产工作应当以人为本，坚持人民至上、生命至上，把保护人民生命安全摆在首位，树牢安全发展理念，坚持安全第一、预防为主、综合治理的方针，从源头上防范化解重大安全风险。

安全生产工作实行管行业必须管安全、管业务必须管安全、管生产经营必须管安全，强化和落实生产经营单位主体责任与政府监管责任，建立生产经营单位负责、职工参与、政府监管、行业自律和社会监督的机制。

② 生产经营单位必须遵守《安全生产法》和其他有关安全生产的法律、法规，加强安全生产管理，建立健全全员安全生产责任制和安全生产规章制度，加大对安全生产资金、物资、技术、人员的投入保障力度，改善安全生产条件，加强安全生产标准化、信息化建设，构建安全风险分级管控和隐患排查治理双重预防机制，健全风险防范化解机制，提高安全生产水平，确保安全生产。

③ 生产经营单位的主要负责人是本单位安全生产第一责任人，对本单位的安全生产工作全面负责。其他负责人对职责范围内的安全生产工作负责。

⑤ 生产经营单位的从业人员有依法获得安全生产保障的权利，并应当依法履行安全生产方面的义务。

⑥ 工会依法对安全生产工作进行监督。

生产经营单位的工会依法组织职工参加本单位安全生产工作的民主管理和民主监督，维护职工在安全生产方面的合法权益。生产经营单位制定或者修改有关安全生产的规章制度，应当听取工会的意见。

⑦ 生产经营单位必须执行依法制定的保障安全生产的国家标准或者行业标准。

⑧ 生产经营单位委托依法设立的为安全生产提供技术、管理服务的机构提供安全生产技术、管理服务的，保证安全生产的责任仍由本单位负责。

⑧ 国家实行生产安全事故责任追究制度，依照《安全生产法》和有关法律、法规的规定，追究生产安全事故责任单位和责任人员的法律责任。

二、对生产经营单位的安全生产保障提出了具体要求

① 生产经营单位应当具备《安全生产法》及有关法律、行政法规、国家标准或者行业标准规定的安全生产条件；不具备安全生产条件的，不得从事生产经营活动。

② 明确了生产经营单位的主要负责人对本单位安全生产工作负有的职责：

a. 建立健全并落实本单位全员安全生产责任制，加强安全生产标准化建设；

b. 组织制定并实施本单位安全生产规章制度和操作规程；

c. 组织制定并实施本单位安全生产教育和培训计划；

d. 保证本单位安全生产投入的有效实施；

e. 组织建立并落实安全风险分级管控和隐患排查治理双重预防工作机制，督促、检查本单位的安全生产工作，及时消除生产安全事故隐患；

f. 组织制定并实施本单位的生产安全事故应急救援预案；

g. 及时、如实报告生产安全事故。

③ 生产经营单位的全员安全生产责任制应当明确各岗位的责任人员、责任范围和考核标准等内容。

生产经营单位应当建立相应的机制，加强对全员安全生产责任制落实情况的监督考核，保证全员安全生产责任制的落实。

④ 明确了对安全投入的要求和责任。生产经营单位应当具备的安全生产条件所必需的资金投入，由生产经营单位的决策机构、主要负责人或者个人经营的投资人予以保证，并对由于安全生产所必需的资金投入不足导致的后果承担责任。

有关生产经营单位应当按照规定提取和使用安全生产费用，专门用于改善安全生产条件。安全生产费用在成本中据实列支。

⑤ 规定了设置安全生产管理机构或配备安全生产管理人员的基本要求。

a. 矿山、金属冶炼、建筑施工、运输单位和危险物品的生产、经营、储存、装卸单位，应当设置安全生产管理机构或者配备专职安全生产管理人员。

b. 其他生产经营单位，从业人员超过一百人的，应当设置安全生产管理机构或者配备专职安全生产管理人员；从业人员在一百人以下的，应当配备专职或者兼职的安全生产管理人员。

⑥ 对生产经营单位的主要负责人和安全生产管理人员的管理能力提出了基本要求。

生产经营单位的主要负责人和安全生产管理人员必须具备与本单位所从事的生产经营活动相应的安全生产知识和管理能力。

危险物品的生产、经营、储存、装卸单位以及矿山、金属冶炼、建筑施工、运输单位的主要负责人和安全生产管理人员，应当由主管的负有安全生产监督管理职责的部门对其安全生产知识和管理能力考核合格。考核不得收费。

危险物品的生产、储存、装卸单位以及矿山、金属冶炼单位应当有注册安全工程师从事

安全生产管理工作。鼓励其他生产经营单位聘用注册安全工程师从事安全生产管理工作。

⑦ 规定了生产经营单位的安全生产管理机构以及安全生产管理人员应履行的职责。

a. 组织或者参与拟订本单位安全生产规章制度、操作规程和生产安全事故应急救援预案；

b. 组织或者参与本单位安全生产教育和培训，如实记录安全生产教育和培训情况；

c. 组织开展危险源辨识和评估，督促落实本单位重大危险源的安全管理措施；

d. 组织或者参与本单位应急救援演练；

e. 检查本单位的安全生产状况，及时排查生产安全事故隐患，提出改进安全生产管理的建议；

f. 制止和纠正违章指挥、强令冒险作业、违反操作规程的行为；

g. 督促落实本单位安全生产整改措施。

生产经营单位可以设置专职安全生产分管负责人，协助本单位主要负责人履行安全生产管理职责。

⑧ 生产经营单位的安全生产管理机构以及安全生产管理人员应当恪尽职守，依法履行职责。生产经营单位作出涉及安全生产的经营决策，应当听取安全生产管理机构以及安全生产管理人员的意见。生产经营单位不得因安全生产管理人员依法履行职责而降低其工资、福利等待遇或者解除与其订立的劳动合同。危险物品的生产、储存单位以及矿山、金属冶炼单位的安全生产管理人员的任免，应当告知主管的负有安全生产监督管理职责的部门。

⑨ 规定了从业人员安全生产教育和培训的目标。

a. 生产经营单位应当对从业人员进行安全生产教育和培训，保证从业人员具备必要的安全生产知识，熟悉有关的安全生产规章制度和安全操作规程，掌握本岗位的安全操作技能，了解事故应急处理措施，知悉自身在安全生产方面的权利和义务。未经安全生产教育和培训合格的从业人员，不得上岗作业。

b. 生产经营单位应当建立安全生产教育和培训档案，如实记录安全生产教育和培训的时间、内容、参加人员以及考核结果等情况。

c. 生产经营单位采用新工艺、新技术、新材料或者使用新设备，必须了解、掌握其安全技术特性，采取有效的安全防护措施，并对从业人员进行专门的安全生产教育和培训。

d. 特种作业人员必须按照国家有关规定经专门的安全作业培训，取得相应资格，方可上岗作业。

⑩ 对建设项目规定了基本要求。

a. 生产经营单位新建、改建、扩建工程项目（以下统称建设项目）的安全设施，必须与主体工程同时设计、同时施工、同时投入生产和使用。安全设施投资应当纳入建设项目概算。

b. 矿山、金属冶炼建设项目和用于生产、储存、装卸危险物品的建设项目，以及国务院安全生产监督管理部门会同国务院有关部门规定的安全风险较大的其他建设项目，应当按照国家有关规定进行安全条件论证，并由具有国家规定资质条件的机构进行安全预评价。

建设项目的安全条件论证和安全预评价的情况报告应当按照规定报建设项目所在地设区的市级以上人民政府安全生产监督管理部门或者有关部门审核。

c. 建设项目安全设施的设计人、设计单位应当对安全设施设计负责。

矿山、冶金建设项目和用于生产、储存危险物品的建设项目的安全设施设计应当按照国家有关规定报经有关部门审查，审查部门及其负责审查的人员对审查结果负责。

d. 矿山、金属冶炼建设项目和用于生产、储存、装卸危险物品的建设项目的施工单位必须按照批准的安全设施设计施工，并对安全设施的工程质量负责。

e. 矿山、金属冶炼建设项目和用于生产、储存、装卸危险物品的建设项目竣工投入生产或者使用前，应当由建设单位负责组织对安全设施进行验收；验收合格后，方可投入生产和使用。安全生产监督管理部门应当加强对建设单位验收活动和验收结果的监督核查。

⑪ 对生产经营场所和设施、设备规定了基本要求。

a. 生产经营单位应当在有较大危险因素的生产经营场所和有关设施、设备上设置明显的安全警示标志。

b. 安全设备的设计、制造、安装、使用、检测、维修、改造和报废，应当符合国家标准或者行业标准。

生产经营单位必须对安全设备进行经常性维护、保养，并定期检测，保证正常运转。维护、保养、检测应当作好记录，并由有关人员签字。

c. 生产经营单位使用的危险物品的容器、运输工具，以及涉及人身安全、危险性较大的海洋石油开采特种设备和矿山井下特种设备，必须按照国家有关规定，由专业生产单位生产，并经取得专业资质的检测、检验机构检测、检验合格，取得安全使用证或者安全标志，方可投入使用。检测、检验机构对检测、检验结果负责。

d. 生产经营单位不得使用应当淘汰的危及生产安全的工艺、设备。

⑫ 对危险物品生产经营单位规定了基本要求。

a. 生产、经营、运输、储存、使用危险物品或者处置废弃危险物品的，由有关主管部门依照有关法律、法规的规定和国家标准或者行业标准审批并实施监督管理。

b. 生产经营单位生产、经营、运输、储存、使用危险物品或者处置废弃危险物品，必须执行有关法律、法规和国家标准或者行业标准，建立专门的安全管理制度，采取可靠的安全措施，接受有关主管部门依法实施的监督管理。

c. 生产、经营、储存、使用危险物品的车间、商店、仓库不得与员工宿舍在同一座建筑物内，并应当与员工宿舍保持安全距离。

生产经营场所和员工宿舍应当设有符合紧急疏散要求、标志明显、保持畅通的出口、疏散通道。禁止占用、锁闭、封堵生产经营场所或者员工宿舍的出口、疏散通道。

⑬ 对存在重大危险源的生产经营单位提出了基本要求。

生产经营单位对重大危险源应当登记建档，进行定期检测、评估、监控，并制定应急预案，告知从业人员和相关人员在紧急情况下应当采取的应急措施。

生产经营单位应当按照国家有关规定将本单位重大危险源及有关安全措施、应急措施报有关地方人民政府负责安全生产监督管理的部门和有关部门备案。

⑭ 对安全生产检查与管理提出了具体要求。

a. 生产经营单位进行爆破、吊装、动火、临时用电以及国务院安全生产监督管理部门会同国务院应急管理部门规定的其他危险作业，应当安排专门人员进行现场安全管理，确保操作规程的遵守和安全措施的落实。

b. 生产经营单位应当教育和督促从业人员严格执行本单位的安全生产规章制度和安全操作规程；并向从业人员如实告知作业场所和工作岗位存在的危险因素、防范措施以及事故应急措施。

生产经营单位应当关注从业人员的身体、心理状况和行为习惯，加强对从业人员的心理疏导、精神慰藉，严格落实岗位安全生产责任，防范从业人员行为异常导致事故发生。

c. 生产经营单位必须为从业人员提供符合国家标准或者行业标准的劳动防护用品，并监督、教育从业人员按照使用规则佩戴、使用。

d. 生产经营单位应当建立安全风险分级管控制度，按照安全风险分级采取相应的管控措施。

生产经营单位应当建立健全并落实生产安全事故隐患排查治理制度，采取技术、管理措施，及时发现并消除事故隐患。事故隐患排查治理情况应当如实记录，并通过职工大会或者职工代表大会、信息公示栏等方式向从业人员通报。其中，重大事故隐患排查治理情况应当及时向负有安全生产监督管理职责的部门和职工大会或者职工代表大会报告。

生产经营单位的安全生产管理人员应当根据本单位的生产经营特点，对安全生产状况进行经常性检查；对检查中发现的安全问题，应当立即处理；不能处理的，应当及时报告本单位有关负责人，有关负责人应当及时处理。检查及处理情况应当如实记录在案。

e. 两个以上生产经营单位在同一作业区域内进行生产经营活动，可能危及对方生产安全的，应当签订安全生产管理协议，明确各自的安全生产管理职责和应当采取的安全措施，并指定专职安全生产管理人员进行安全检查与协调。

f. 生产经营单位不得将生产经营项目、场所、设备发包或者出租给不具有安全生产条件或者相应资质的单位或者个人。生产经营项目、场所发包或者出租给其他单位的，生产经营单位应当与承包单位、承租单位签订专门的安全生产管理协议，或者在承包合同、租赁合同中约定各自的安全生产管理职责；生产经营单位对承包单位、承租单位的安全生产工作统一协调、管理，定期进行安全检查，发现安全问题的，应当及时督促整改。

g. 生产经营单位发生生产安全事故时，单位的主要负责人应当立即组织抢救，并不得在事故调查处理期间擅离职守。

h. 生产经营单位必须依法参加工伤保险，为从业人员缴纳保险费。

国家鼓励生产经营单位投保安全生产责任保险；属于国家规定的高危行业、领域的生产经营单位，应当投保安全生产责任保险。

i. 生产经营单位应当安排用于配备劳动防护用品、进行安全生产培训的经费。

三、规定了从业人员的权利和义务

① 对生产经营单位与从业人员订立的劳动合同的要求与说明。

生产经营单位与从业人员订立的劳动合同，应当载明有关保障从业人员劳动安全、防止职业危害的事项，以及依法为从业人员办理工伤社会保险的事项。

生产经营单位不得以任何形式与从业人员订立协议，免除或者减轻其对从业人员因生产安全事故伤亡依法应承担的责任。

② 规定了从业人员的权利。

a. 从业人员有权了解其作业场所和工作岗位存在的危险因素、防范措施及事故应急措施，有权对本单位的安全生产工作提出建议。

b. 从业人员有权对本单位安全生产工作中存在的问题提出批评、检举、控告；有权拒绝违章指挥和强令冒险作业。

生产经营单位不得因从业人员对本单位安全生产工作提出批评、检举、控告或者拒绝违章指挥、强令冒险作业而降低其工资、福利等待遇或者解除与其订立的劳动合同。

c. 从业人员发现直接危及人身安全的紧急情况时，有权停止作业或者在采取可能的应急措施后撤离作业场所。

生产经营单位不得因从业人员紧急情况下停止作业或者采取紧急撤离措施而降低其工资、福利等待遇或者解除与其订立的劳动合同。

d. 因生产安全事故受到损害的从业人员，除依法享有工伤社会保险外，依照有关民事法律尚有获得赔偿的权利的，有权向本单位提出赔偿要求。

上述从业人员的权利，即知情权、建议权、批评权、检举权、控告权、拒绝权、紧急避险权、申请赔偿权，简称为从业人员的八项权利。

③ 规定了从业人员的义务。

a. 从业人员在作业过程中，应当严格落实岗位安全责任，遵守本单位的安全生产规章制度和操作规程，服从管理，正确佩戴和使用劳动防护用品。

b. 从业人员应当接受安全生产教育和培训，掌握本职工作所需的安全生产知识，提高安全生产技能，增强事故预防和应急处理能力。

c. 从业人员发现事故隐患或者其他不安全因素，应当立即向现场安全生产管理人员或者本单位负责人报告；接到报告的人员应当及时予以处理。

上述内容简称为从业人员的三项义务。

生产经营单位使用被派遣劳动者的，被派遣劳动者享有本法规定的从业人员的权利，并应当履行本法规定的从业人员的义务。

四、生产安全事故的应急救援与调查处理

① 生产经营单位应当制定本单位生产安全事故应急救援预案，与所在地县级以上地方人民政府组织制定的生产安全事故应急救援预案相衔接，并定期组织演练。

② 危险物品的生产、经营、储存单位以及矿山、金属冶炼、城市轨道交通运营、建筑施工单位应当建立应急救援组织；生产经营规模较小的，可以不建立应急救援组织，但应当指定兼职的应急救援人员。

危险物品的生产、经营、储存、运输单位以及矿山、金属冶炼、城市轨道交通运营、建筑施工单位应当配备必要的应急救援器材、设备和物资，并进行经常性维护、保养，保证正常运转。

③ 对生产经营单位的事故报告做出了如下规定：生产经营单位发生生产安全事故后，事故现场有关人员应当立即报告本单位负责人。

单位负责人接到事故报告后，应当迅速采取有效措施，组织抢救，防止事故扩大，减少人员伤亡和财产损失，并按照国家有关规定立即如实报告当地负有安全生产监督管理职责的部门，不得隐瞒不报、谎报或者迟报，不得故意破坏事故现场、毁灭有关证据。

④ 明确了生产安全事故的调查处理的基本任务：及时、准确地查清事故原因，查明事故性质和责任，总结事故教训，提出整改措施，并对事故责任者提出处理意见。

说明：

①《安全生产法》第六章法律责任部分规定了未执行本法规定内容所应承担的法律责任。并明确：对本法规定的违法行为，其他法律、行政法规规定的行政处罚严于本法规定的，依照其他法律、行政法规规定。

② 本法下列用语的含义：

a. 危险物品是指易燃易爆物品、危险化学品、放射性物品等能够危及人身安全和财产安全的物品。

b. 重大危险源是指长期或者临时地生产、搬运、使用或者储存危险物品，且危险物品的数量等于或者超过临界量的单元（包括场所和设施）。

任务三　了解职业安全在法律中的相关规定

一、职业安全在《中华人民共和国宪法》中的相关规定

《中华人民共和国宪法》（以下简称《宪法》）总纲中的第一条明确指出：中华人民共和国是工人阶级领导的、以工农联盟为基础的人民民主专政的社会主义国家。这一规定就决定了我国的社会主义制度是保护以工人、农民为主体的劳动者的。在《宪法》中又规定了公民的基本权利和义务。

《宪法》第四十二条规定：中华人民共和国公民有劳动的权利和义务。国家通过各种途径，创造劳动就业条件，加强劳动保护，改善劳动条件，并在发展生产的基础上，提高劳动报酬和福利待遇。国家对就业前的公民进行必要的劳动就业训练。宪法的这一规定，是生产经营单位进行安全生产与从事各项工作的总的原则、总的指导思想和总的要求。我国各级政府管理部门、各类企事业单位机构，都要按照这一规定，确立安全第一、预防为主、综合治理的思想，积极采取组织管理措施和安全技术保障措施，不断改善劳动条件，加强安全生产工作，切实保护从业人员的安全和健康。

《宪法》第四十三条规定：中华人民共和国劳动者有休息的权利。国家发展劳动者休息和休养的设施，规定职工的工作时间和休假制度。这一规定的作用和意义有两个方面，一是劳动者的休息权利不容侵犯，二是通过建立劳动者的工作时间和休息休假制度，既保证劳动者的工作时间，又保证劳动者的休息时间和休假时间，注意劳逸结合，禁止随意加班加点，以保持劳动者有充沛的精力进行劳动和工作，防止因疲劳过度而发生伤亡事故或积劳成疾，变成职业病。

《宪法》第四十八条规定：中华人民共和国妇女在政治的、经济的、文化的、社会的和家庭的生活等方面享有同男子平等的权利。国家保护妇女的权利和利益。该规定从各个方面充分肯定了我国广大妇女的地位，她们的权利受到国家法律保护。为了贯彻这个原则，国家还针对妇女的生理特点，专门制定了有关女职工的特殊劳动保护法规。

二、职业安全在《中华人民共和国刑法》中的相关规定

《中华人民共和国刑法》对安全生产方面构成犯罪的违法行为的惩罚做了规定。在危害公共安全罪中，《中华人民共和国刑法》第一百三十一条～第一百三十九条，规定了重大飞行事故罪、铁路运营安全事故罪、交通肇事罪、危险驾驶罪、重大责任事故罪、强令组织违章冒险作业罪、重大劳动安全事故罪、大型群众性活动重大安全事故罪、危险物品肇事罪、工程重大安全事故罪、教育设施重大安全事故罪、消防责任事故罪和不报、谎报安全事故罪等罪名。《中华人民共和国刑法》第一百四十六条规定了生产、销售不符合安全标准的产品

罪。第三百九十七条规定渎职罪，包括滥用职权罪、玩忽职守罪。此外，还有重大环境污染事故罪、环境监管失职罪。刑事责任是对犯罪行为人的严厉惩罚，安全事故的责任人或责任单位构成犯罪的将按《中华人民共和国刑法》所规定的罪名追究刑事责任。

三、职业安全在《中华人民共和国民法典》中的相关规定

《中华人民共和国民法典》共7编、1260条，各编依次为总则、物权、合同、人格权、婚姻家庭、继承、侵权责任，以及附则。通篇贯穿以人民为中心的发展思想，着眼满足人民对美好生活的需要，对公民的人身权、财产权、人格权等作出明确翔实的规定，并规定侵权责任，明确权利受到削弱、减损、侵害时的请求权和救济权等，体现了对人民权利的充分保障，被誉为“新时代人民权利的宣言书”。

《中华人民共和国民法典》第七编侵权责任的相关规定如下。

第一千一百六十七条对【危及他人人身、财产安全的责任承担方式】作了明确规定。侵权行为危及他人人身、财产安全的，被侵权人有权请求侵权人承担停止侵害、排除妨碍、消除危险等侵权责任。

第一千一百七十九条对【人身损害赔偿范围】作了明确规定。侵害他人造成人身损害的，应当赔偿医疗费、护理费、交通费、营养费、住院伙食补助费等为医疗和康复支出的合理费用，以及因误工减少的收入；造成残疾的，还应当赔偿辅助器具费和残疾赔偿金；造成死亡的，还应当赔偿丧葬费和死亡赔偿金。

第一千一百八十三条对【精神损害赔偿】作了明确规定。被侵害自然人人身权益造成严重精神损害的，被侵权人有权请求精神损害赔偿。

因故意或者重大过失侵害自然人具有人身意义的特定物造成严重精神损害的，被侵权人有权请求精神损害赔偿。

第一千一百九十一条对【用人单位责任和劳务派遣单位、劳务用工单位责任】作了明确规定。用人单位的工作人员因执行工作任务造成他人损害的，由用人单位承担侵权责任。用人单位承担侵权责任后，可以向有故意或者重大过失的工作人员追偿。

劳务派遣期间，被派遣的工作人员因执行工作任务造成他人损害的，由接受劳务派遣的用工单位承担侵权责任；劳务派遣单位有过错的，承担相应的责任。

第一千一百九十三条对【承揽关系中的侵权责任】作了明确规定。承揽人在完成工作过程中造成第三人损害或者自己损害的，定作人不承担侵权责任；但是定作人对定作、指示或者选任有过错的，应当承担相应的责任。

第一千二百三十六条对【高度危险责任的一般规定】作了明确规定。从事高度危险作业造成他人损害的，应当承担侵权责任。

第一千二百三十九条对【占有或使用高度危险物致害责任】作了明确规定。占有或者使用易燃、易爆、剧毒、高放射性、强腐蚀性、高致病性等高度危险物造成他人损害的，占有人或者使用人应当承担侵权责任。但是能够证明损害是因受害人故意或者不可抗力造成的，不承担责任。被侵权人对损害的发生有重大过失的，可以减轻占有人或者使用人的责任。

第一千二百四十条对【从事高空、高压、地下挖掘活动或者使用高速轨道运输工具致害责任】作了明确规定。从事高空、高压、地下挖掘活动或者使用高速轨道运输工具造成他人损害的，经营者应当承担侵权责任。但是能够证明损害是因受害人故意或者不可抗力造成

的，不承担责任。被侵权人对损害的发生有重大过失的，可以减轻经营者的责任。

第一千二百四十一条对【遗失、抛弃高度危险物致害责任】作了明确规定。遗失、抛弃高度危险物造成他人损害的，由所有人承担侵权责任。所有人将高度危险物交由他人管理的，由管理人承担侵权责任。所有人有过错的，与管理人承担连带责任。

第一千二百四十二条对【非法占有高度危险物致害责任】作了明确规定。非法占有高度危险物造成他人损害的，由非法占有人承担侵权责任。所有人、管理人不能证明对防止非法占有尽到高度注意义务的，与非法占有人承担连带责任。

第一千二百四十三条对【高度危险场所安全保障责任】作了明确规定。未经许可进入高度危险活动区域或者高度危险物存放区域受到损害，管理人能够证明已经采取足够安全措施并尽到充分警示义务的，可以减轻或者不承担责任。

第一千二百四十四条对【高度危险责任赔偿限额】作了明确规定。承担高度危险责任，法律规定赔偿限额的，依照其执行。但是行为人有故意或者重大过失的除外。

第一千二百五十二条对【建筑物、构筑物或者其他设施倒塌、塌陷致害责任】作了明确规定。建筑物、构筑物或者其他设施倒塌、塌陷造成他人损害的，由建设单位与施工单位承担连带责任。但是建设单位与施工单位能够证明不存在质量缺陷的除外。建设单位、施工单位赔偿后，有其他责任人的，有权向其他责任人追偿。

因所有人、管理人、使用人或者第三人的原因，建筑物、构筑物或者其他设施倒塌、塌陷造成他人损害的，由所有人、管理人、使用人或者第三人承担侵权责任。

第一千二百五十四条对【不明抛掷物、坠落物致害责任】作了明确规定。禁止从建筑物中抛掷物品，从建筑物中抛掷物品或者从建筑物上坠落的物品造成他人损害的，由侵权人依法承担侵权责任。经调查难以确定具体请侵权人的，除能够证明自己不是侵权人的外，由可能加害的建筑物使用人给予补偿。可能加害的建筑物使用人补偿后，有权向侵权人追偿。

物业服务企业等建筑物管理人应当采取必要的安全保障措施防止前款规定情形的发生；未采取必要的安全保障措施的，应当依法承担未履行安全保障义务的侵权责任。

第一千二百五十五条对【堆放物倒塌、滚落或者滑落致害责任】作了明确规定。堆放物倒塌、滚落或者滑落，造成他人损害，堆放人不能证明自己没有过错的，应当承担侵权责任。

第一千二百五十六条对【在公共道路上堆放、倾倒、遗撒妨碍通行的物品致害责任】作了明确规定。在公共道路上堆放、倾倒、遗撒妨碍通行的物品造成他人损害的，由行为人承担侵权责任。公共道路管理人不能证明已经尽到清理、防护、警示等义务的，应当承担相应的责任。

第一千二百五十七条对【林木折断、倾倒或者果实坠落等致人损害的侵权责任】作了明确规定。因林木折断、倾倒或者果实坠落等造成他人损害，林木的所有人或者管理人不能证明自己没有过错的，应当承担侵权责任。

第一千二百五十八条对【公共场所或者道路上施工致害责任和窨井等地下设施致害责任】作了明确规定。在公共场所或者道路上挖掘、修缮、安装地下设施等造成他人损害，施工人不能证明已经设置明显标志和采取安全措施的，应当承担侵权责任。

窨井等地下设施造成他人损害，管理人不能证明尽到管理职责的，应当承担侵权责任。

任务四　了解职业安全行政法规

安全行政法规是由国务院组织制定并批准公布的，是为实施安全生产法律或规范安全生产监督管理制度而制定并颁布的一系列具体规定，是我们实施安全生产监督管理和监察工作的重要依据。

一、《安全生产许可证条例》

《安全生产许可证条例》（中华人民共和国国务院令第397号）于2004年1月7日经国务院第34次常务会议通过，自公布之日2004年1月13日起施行。该条例共计24条。

1. 该条例制定的目的和依据

条例第一条明确提出：为了严格规范安全生产条件，进一步加强安全生产监督管理，防止和减少生产安全事故，根据《中华人民共和国安全生产法》的有关规定，制定本条例。

2. 该条例的适用范围

条例第二条指出：国家对矿山企业、建筑施工企业和危险化学品、烟花爆竹、民用爆炸物品生产企业实行安全生产许可制度。上述范围企业未取得安全生产许可证的，不得从事生产活动。

3. 企业取得安全生产许可证，应当具备的安全生产条件

① 建立、健全安全生产责任制，制定完备的安全生产规章制度和操作规程。

② 安全投入符合安全生产要求。

③ 设置安全生产管理机构，配备专职安全生产管理人员。

④ 主要负责人和安全生产管理人员经考核合格。

⑤ 特种作业人员经有关业务主管部门考核合格，取得特种作业操作资格证书。

⑥ 从业人员经安全生产教育和培训合格。

⑦ 依法参加工伤保险，为从业人员缴纳保险费。

⑧ 厂房、作业场所和安全设施、设备、工艺符合有关安全生产法律、法规、标准和规程的要求。

⑨ 有职业危害防治措施，并为从业人员配备符合国家标准或者行业标准的劳动防护用品。

⑩ 依法进行安全评价。

⑪ 有重大危险源检测、评估、监控措施和应急预案。

⑫ 有生产安全事故应急救援预案、应急救援组织或者应急救援人员，配备必要的应急救援器材、设备。

⑬ 法律、法规规定的其他条件。

4. 其他规定

① 条例第九条规定，安全生产许可证的有效期为三年。有效期满需要延期的，企业应当于期满前三个月向原安全生产许可证颁发受理机关办理延期手续。

② 条例第十三条规定，企业不得转让、冒用安全生产许可证或者使用伪造的安全生产许可证。

③ 条例第十四条规定，企业取得安全生产许可证后，不得降低安全生产条件，并应当加强日常安全生产管理，接受安全生产许可证颁发受理机关的监督检查。

安全生产许可证颁发受理机关应当加强对取得安全生产许可证的企业的监督检查，发现其不再具备本条例规定的安全生产条件的，应当暂扣或者吊销安全生产许可证。

④ 条例第十九条规定，违反本条例规定，未取得安全生产许可证擅自进行生产的，责令停止生产，没收违法所得，并处 10 万元以上 50 万元以下的罚款；造成重大事故或者其他严重后果，构成犯罪的，依法追究刑事责任。

⑤ 条例第二十一条规定，违反本条例规定，转让安全生产许可证的，没收违法所得，处 10 万元以上 50 万元以下的罚款，并吊销其安全生产许可证；构成犯罪的，依法追究刑事责任；接受转让的，依照本条例第十九条的规定处罚。

二、《危险化学品安全管理条例》

《危险化学品安全管理条例》（以下简称《条例》）于 2002 年 1 月 26 日中华人民共和国国务院令第 344 号公布，2011 年 2 月 16 日国务院第 144 次常务会议修订通过，以国务院令第 591 号公布，本次修订版本自 2011 年 12 月 1 日起施行。共有八章 102 个条款。2013 年根据《国务院关于修改部分行政法规的决定》修正。

1. 适用范围与危险化学品的内涵及确定路径

（1）适用范围及相关事项　《条例》内容适用于危险化学品生产、储存、使用、经营和运输的安全管理。废弃危险化学品的处置，依照有关环境保护的法律、行政法规和国家有关规定执行。

（2）危险化学品的内涵及确定路径　《条例》所称危险化学品，是指具有毒害、腐蚀、爆炸、燃烧、助燃等性质，对人体、设施、环境具有危害的剧毒化学品和其他化学品。

危险化学品目录，由国务院安全生产监督管理部门会同国务院工业和信息化、公安、环境保护、卫生、质量监督检验检疫、交通运输、铁路、民用航空、农业主管部门，根据化学品危险特性的鉴别和分类标准确定、公布，并适时调整。

实际应用中，只有危险化学品目录（最新版本）中记录的化学品才是本条例所指的危险化学品。

2. 对危险化学品的生产、储存、使用、经营、运输负有安全监督管理职责的部门应履行的职责

（1）安全生产监督管理部门　负责危险化学品安全监督管理综合工作，组织确定、公布、调整危险化学品目录，对新建、改建、扩建生产、储存危险化学品（包括使用长输管道输送危险化学品，下同）的建设项目进行安全条件审查，核发危险化学品安全生产许可证、

危险化学品安全使用许可证和危险化学品经营许可证，并负责危险化学品登记工作。

（2）公安机关　负责危险化学品的公共安全管理，核发剧毒化学品购买许可证、剧毒化学品道路运输通行证，并负责危险化学品运输车辆的道路交通安全管理。

（3）质量监督检验检疫部门　负责核发危险化学品及其包装物、容器（不包括储存危险化学品的固定式大型储罐，下同）生产企业的工业产品生产许可证，并依法对其产品质量实施监督，负责对进出口危险化学品及其包装实施检验。

（4）环境保护主管部门　负责废弃危险化学品处置的监督管理，组织危险化学品的环境危害性鉴定和环境风险程度评估，确定实施重点环境管理的危险化学品，负责危险化学品环境管理登记和新化学物质环境管理登记；依照职责分工调查相关危险化学品环境污染事故和生态破坏事件，负责危险化学品事故现场的应急环境监测。

（5）交通运输主管部门　负责危险化学品道路运输、水路运输的许可以及运输工具的安全管理，对危险化学品水路运输安全实施监督，负责危险化学品道路运输企业、水路运输企业驾驶人员、船员、装卸管理人员、押运人员、申报人员、集装箱现场检查员的资格认定。铁路主管部门负责危险化学品铁路运输及其运输工具的安全管理。民用航空主管部门负责危险化学品航空运输以及航空运输企业及其运输工具的安全管理。

（6）卫生主管部门　负责危险化学品毒性鉴定的管理，负责组织、协调危险化学品事故受伤人员的医疗卫生救援工作。

（7）工商行政管理部门　依据有关部门的许可证件，核发危险化学品生产、储存、经营、运输企业营业执照，查处危险化学品经营企业违法采购危险化学品的行为。

（8）邮政管理部门　负责依法查处寄递危险化学品的行为。

负有危险化学品安全监督管理职责的部门依法进行监督检查可以采取的措施如下：

① 进入危险化学品作业场所实施现场检查，向有关单位和人员了解情况，查阅、复制有关文件、资料；

② 发现危险化学品事故隐患，责令立即消除或者限期消除；

③ 对不符合法律、行政法规、规章规定或者国家标准、行业标准要求的设施、设备、装置、器材、运输工具，责令立即停止使用；

④ 经本部门主要负责人批准，查封违法生产、储存、使用、经营危险化学品的场所，扣押违法生产、储存、使用、经营、运输的危险化学品以及用于违法生产、使用、运输危险化学品的原材料、设备、运输工具；

⑤ 发现影响危险化学品安全的违法行为，当场予以纠正或者责令限期改正。

负有危险化学品安全监督管理职责的部门依法进行监督检查时，监督检查人员不得少于2人，并应当出示执法证件；有关单位和个人对依法进行的监督检查应当予以配合，不得拒绝、阻碍。

3. 危险化学品生产、储存单位的职责

① 新建、改建、扩建生产、储存危险化学品建设项目（以下简称建设项目）的安全条件审查。

建设单位应当对建设项目进行安全条件论证，委托具备国家规定的资质条件的机构对建设项目进行安全评价，并将安全条件论证和安全评价的情况报告报建设项目所在地设区的市级以上人民政府安全生产监督管理部门进行审查；安全生产监督管理部门自收到报告之日起

45 日内做出审查决定，并书面通知建设单位。

新建、改建、扩建储存、装卸危险化学品的港口建设项目，由港口行政管理部门按照国务院交通运输主管部门的规定进行安全条件审查。

② 生产、储存危险化学品的单位，应当对其铺设的危险化学品管道设置明显标志，并对危险化学品管道定期检查、检测。

进行可能危及危险化学品管道安全的施工作业，施工单位应当在开工的 7 日前书面通知管道所属单位，并与管道所属单位共同制定应急预案，采取相应的安全防护措施。管道所属单位应当指派专门人员到现场进行管道安全保护指导。

③ 危险化学品生产企业进行生产前，应当依照《安全生产许可证条例》的规定，取得危险化学品安全生产许可证。

生产列入国家实行生产许可证制度的工业产品目录的危险化学品的企业，应当依照《中华人民共和国工业产品生产许可证管理条例》的规定，取得工业产品生产许可证。

④ 危险化学品生产企业应当提供与其生产的危险化学品相符的化学品安全技术说明书，并在危险化学品包装（包括外包装件）上粘贴或者拴挂与包装内危险化学品相符的化学品安全标签。化学品安全技术说明书和化学品安全标签所载明的内容应当符合国家标准的要求。

危险化学品生产企业发现其生产的危险化学品有新的危险特性的，应当立即公告，并及时修订其化学品安全技术说明书和化学品安全标签。

⑤ 生产实施重点环境管理的危险化学品的企业，应当按照国务院环境保护主管部门的规定，将该危险化学品向环境中释放等相关信息向环境保护主管部门报告。

⑥ 危险化学品生产装置或者储存数量构成重大危险源的危险化学品储存设施（运输工具加油站、加气站除外），与下列场所、设施、区域的距离应当符合国家有关规定：

a. 居住区以及商业中心、公园等人员密集场所；

b. 学校、医院、影剧院、体育场（馆）等公共设施；

c. 饮用水源、水厂以及水源保护区；

d. 车站、码头（依法经许可从事危险化学品装卸作业的除外）、机场以及通信干线、通信枢纽、铁路线路、道路交通干线、水路交通干线、地铁风亭以及地铁站出入口；

e. 基本农田保护区、基本草原、畜禽遗传资源保护区、畜禽规模化养殖场（养殖小区）、渔业水域以及种子、种畜禽、水产苗种生产基地；

f. 河流、湖泊、风景名胜区、自然保护区；

g. 军事禁区、军事管理区；

h. 法律、行政法规规定的其他场所、设施、区域。

本条例所称重大危险源，是指生产、储存、使用或者搬运危险化学品，且危险化学品的数量等于或者超过临界量的单元（包括场所和设施）。

储存数量构成重大危险源的危险化学品储存设施的选址，应当避开地震活动断层和容易发生洪灾、地质灾害的区域。

⑦ 生产、储存危险化学品的单位，应当根据其生产、储存危险化学品的种类和危险特性，在作业场所设置相应的监测、监控、通风、防晒、调温、防火、灭火、防爆、泄压、防毒、中和、防潮、防雷、防静电、防腐、防泄漏以及防护围堤或者隔离操作等安全设施、设备，并按照国家标准、行业标准或者国家有关规定对安全设施、设备进行经常性维护、保

养，保证安全设施、设备的正常使用。

生产、储存危险化学品的单位，应当在其作业场所和安全设施、设备上设置明显的安全警示标志。

⑧ 生产、储存危险化学品的单位，应当在其作业场所设置通信、报警装置，并保证处于适用状态。

⑨ 生产、储存危险化学品的企业，应当委托具备国家规定的资质条件的机构，对本企业的安全生产条件每三年进行一次安全评价，提出安全评价报告。安全评价报告的内容应当包括对安全生产条件存在的问题进行整改的方案。

生产、储存危险化学品的企业，应当将安全评价报告以及整改方案的落实情况报所在地县级人民政府安全生产监督管理部门备案。在港区内储存危险化学品的企业，应当将安全评价报告以及整改方案的落实情况报港口行政管理部门备案。

⑩ 生产、储存剧毒化学品或者国务院公安部门规定的可用于制造爆炸物品的危险化学品（以下简称易制爆危险化学品）的单位，应当如实记录其生产、储存的剧毒化学品、易制爆危险化学品的数量、流向，并采取必要的安全防范措施，防止剧毒化学品、易制爆危险化学品丢失或者被盗；发现剧毒化学品、易制爆危险化学品丢失或者被盗的，应当立即向当地公安机关报告。生产、储存剧毒化学品、易制爆危险化学品的单位，应当设置治安保卫机构，配备专职治安保卫人员。

⑪ 危险化学品应当储存在专用仓库、专用场地或者专用储存室（以下统称专用仓库）内，并由专人负责管理；剧毒化学品以及储存数量构成重大危险源的其他危险化学品，应当在专用仓库内单独存放，并实行双人收发、双人保管制度。

危险化学品的储存方式、方法以及储存数量应当符合国家标准或者国家有关规定。

⑫ 储存危险化学品的单位应当建立危险化学品出入库核查、登记制度。

对剧毒化学品以及储存数量构成重大危险源的其他危险化学品，储存单位应当将其储存数量、储存地点以及管理人员的情况，报所在地县级人民政府安全生产监督管理部门（在港区内储存的，报港口行政管理部门）和公安机关备案。

⑬ 危险化学品专用仓库应当符合国家标准、行业标准的要求，并设置明显的标志。储存剧毒化学品、易制爆危险化学品的专用仓库，应当按照国家有关规定设置相应的技术防范设施。

储存危险化学品的单位应当对其危险化学品专用仓库的安全设施、设备定期进行检测、检验。

⑭ 生产、储存危险化学品的单位转产、停产、停业或者解散的，应当采取有效措施，及时、妥善处置其危险化学品生产装置、储存设施以及库存的危险化学品，不得丢弃危险化学品；处置方案应当报所在地县级人民政府安全生产监督管理部门、工业和信息化主管部门、环境保护主管部门和公安机关备案。

4. 危险化学品使用安全的有关规定

使用危险化学品的单位，其使用条件（包括工艺）应当符合法律、行政法规的规定和国家标准、行业标准的要求，并根据所使用的危险化学品的种类、危险特性以及使用量和使用方式，建立、健全使用危险化学品的安全管理规章制度和安全操作规程，保证危险化学品的安全使用。

使用危险化学品从事生产并且使用量达到规定数量的化工企业（属于危险化学品生产企业的除外，下同），应当依照本条例的规定取得危险化学品安全使用许可证。

危险化学品使用量的数量标准，由国务院安全生产监督管理部门会同国务院公安部门、农业主管部门确定并公布。

申请危险化学品安全使用许可证的化工企业，除应当符合本条例关于使用危险化学品的单位的安全规定外，还应当具备下列条件：

a. 具有与所使用的危险化学品相适应的专业技术人员；

b. 具有安全管理机构和专职安全管理人员；

c. 具有符合国家规定的危险化学品事故应急预案和必要的应急救援器材、设备；

d. 依法进行了安全评价。

申请危险化学品安全使用许可证的化工企业，应当向所在地设区的市级人民政府安全生产监督管理部门提出申请，并提交其符合本条例规定条件的证明材料。

5. 危险化学品经营安全的有关规定

国家对危险化学品经营（包括仓储经营，下同）实行许可制度。未经许可，任何单位和个人不得经营危险化学品。

依法设立的危险化学品生产企业在其厂区范围内销售本企业生产的危险化学品，不需要取得危险化学品经营许可。

依照《中华人民共和国港口法》的规定取得港口经营许可证的港口经营人，在港区内从事危险化学品仓储经营，不需要取得危险化学品经营许可。

从事危险化学品经营的企业应当具备下列条件：

a. 具有符合国家标准、行业标准的经营场所，储存危险化学品的还应当有符合国家标准、行业标准的储存设施；

b. 从业人员经过专业技术培训并经考核合格；

c. 具有健全的安全管理规章制度；

d. 具有专职安全管理人员；

e. 具有符合国家规定的危险化学品事故应急预案和必要的应急救援器材、设备；

f. 法律、法规规定的其他条件。

从事剧毒化学品、易制爆危险化学品经营的企业，应当向所在地设区的市级人民政府安全生产监督管理部门提出申请，从事其他危险化学品经营的企业，应当向所在地县级人民政府安全生产监督管理部门提出申请（有储存设施的，应当向所在地设区的市级人民政府安全生产监督管理部门提出申请）。予以批准的，颁发危险化学品经营许可证。

申请人持危险化学品经营许可证向工商行政管理部门办理登记手续后，方可从事危险化学品经营活动。法律、行政法规或者国务院规定经营危险化学品还需要经其他有关部门许可的，申请人向工商行政管理部门办理登记手续时还应当持相应的许可证件。

危险化学品经营企业储存危险化学品的，应当遵守本条例关于储存危险化学品的规定。危险化学品商店内只能存放民用小包装的危险化学品。

危险化学品经营企业不得向未经许可从事危险化学品生产、经营活动的企业采购危险化学品，不得经营没有化学品安全技术说明书或者化学品安全标签的危险化学品。

依法取得危险化学品安全生产许可证、危险化学品安全使用许可证、危险化学品经营许可证的企业，凭相应的许可证件购买剧毒化学品、易制爆危险化学品。民用爆炸物品生产企业凭民用爆炸物品生产许可证购买易制爆危险化学品。

其他单位购买剧毒化学品的，应当向所在地县级人民政府公安机关申请取得剧毒化学品购买许可证；购买易制爆危险化学品的，应当持本单位出具的合法用途说明。

个人不得购买剧毒化学品（属于剧毒化学品的农药除外）和易制爆危险化学品。

申请取得剧毒化学品购买许可证，申请人应当向所在地县级人民政府公安机关提交下列材料：

a. 营业执照或者法人证书（登记证书）的复印件；

b. 拟购买的剧毒化学品品种、数量的说明；

c. 购买剧毒化学品用途的说明；

d. 经办人的身份证明。

县级人民政府公安机关应当自收到前款规定的材料之日起 3 日内，做出批准或者不予批准的决定。予以批准的，颁发剧毒化学品购买许可证；不予批准的，书面通知申请人并说明理由。

危险化学品生产企业、经营企业不得向不具有相关许可证件或者证明文件的单位销售剧毒化学品、易制爆危险化学品。对持剧毒化学品购买许可证购买剧毒化学品的，应当按照许可证载明的品种、数量销售。如实记录购买单位的名称、地址、经办人的姓名、身份证号码以及所购买的剧毒化学品、易制爆危险化学品的品种、数量、用途。销售记录以及经办人的身份证明复印件、相关许可证件复印件或者证明文件的保存期限不得少于 1 年。

禁止向个人销售剧毒化学品（属于剧毒化学品的农药除外）和易制爆危险化学品。

剧毒化学品、易制爆危险化学品的销售企业、购买单位应当在销售、购买后 5 日内，将所销售、购买的剧毒化学品、易制爆危险化学品的品种、数量以及流向信息报所在地县级人民政府公安机关备案，并输入计算机系统。

使用剧毒化学品、易制爆危险化学品的单位不得出借、转让其购买的剧毒化学品、易制爆危险化学品；因转产、停产、搬迁、关闭等确需转让的，应当向具有本条例规定的相关许可证件或者证明文件的单位转让，并在转让后将有关情况及时向所在地县级人民政府公安机关报告。

6. 危险化学品的运输安全的有关规定

从事危险化学品道路运输、水路运输企业，应当分别依照有关道路运输、水路运输的法律、行政法规的规定，取得危险货物道路运输许可、危险货物水路运输许可，并向工商行政管理部门办理登记手续；配备专职安全管理人员。驾驶人员、船员、装卸管理人员、押运人员、申报人员、集装箱装箱现场检查员应当经交通运输主管部门考核合格，取得从业资格。

危险化学品的装卸作业应当遵守安全作业标准、规程和制度，并在装卸管理人员的现场指挥或者监控下进行。水路运输危险化学品的集装箱装箱作业应当在集装箱装箱现场检查员的指挥或者监控下进行，并符合积载、隔离的规范和要求；装箱作业完毕后，集装箱装箱现场检查员应当签署装箱证明书。

运输危险化学品，应当根据危险化学品的危险特性采取相应的安全防护措施，并配备必要的防护用品和应急救援器材。

用于运输危险化学品的槽罐以及其他容器应当封口严密，能够防止危险化学品在运输过程中因温度、湿度或者压力的变化发生渗漏、洒漏；槽罐以及其他容器的溢流和泄压装置应当设置准确、启闭灵活。

危险化学品运输车辆应当悬挂或者喷涂符合国家标准要求的警示标志。

通过道路运输剧毒化学品的，托运人应当向运输始发地或者目的地县级人民政府公安机关申请剧毒化学品道路运输通行证。

申请剧毒化学品道路运输通行证，托运人应当向县级人民政府公安机关提交下列材料：

a. 拟运输的剧毒化学品品种、数量的说明；

b. 运输始发地、目的地、运输时间和运输路线的说明；

c. 承运人取得危险货物道路运输许可、运输车辆取得营运证以及驾驶人员、押运人员取得上岗资格的证明文件；

d. 购买剧毒化学品的相关许可证件，或者海关出具的进出口证明文件。

剧毒化学品、易制爆危险化学品在道路运输途中丢失、被盗、被抢或者出现流散、泄漏等情况的，驾驶人员、押运人员应当立即采取相应的警示措施和安全措施，并向当地公安机关报告。

禁止通过内河封闭水域运输剧毒化学品以及国家规定禁止通过内河运输的其他危险化学品。

前款规定以外的内河水域，禁止运输国家规定禁止通过内河运输的剧毒化学品以及其他危险化学品。

禁止通过内河运输的剧毒化学品以及其他危险化学品的范围，由国务院交通运输主管部门会同国务院环境保护主管部门、工业和信息化主管部门、安全生产监督管理部门，根据危险化学品的危险特性、危险化学品对人体和水环境的危害程度以及消除危害后果的难易程度等因素规定并公布。

托运人应当委托依法取得危险货物水路运输许可的水路运输企业承运，不得委托其他单位和个人承运。

通过内河运输危险化学品，危险化学品包装物的材质、形式、强度以及包装方法应当符合水路运输危险化学品包装规范的要求。

托运危险化学品的，托运人应当向承运人说明所托运的危险化学品的种类、数量、危险特性以及发生危险情况的应急处置措施，并按照国家有关规定对所托运的危险化学品妥善包装，在外包装上设置相应的标志。

托运人不得在托运的普通货物中夹带危险化学品，不得将危险化学品匿报或者谎报为普通货物托运。

任何单位和个人不得交寄危险化学品或者在邮件、快件内夹带危险化学品，不得将危险化学品匿报或者谎报为普通物品交寄。

通过铁路、航空运输危险化学品的安全管理，依照有关铁路、航空运输的法律、行政法规、规章的规定执行。

7. 危险化学品登记与事故应急救援的有关要求

① 国家实行危险化学品登记制度，为危险化学品安全管理以及危险化学品事故预防和应急救援提供技术、信息支持。

② 危险化学品生产企业、进口企业，应当向国务院安全生产监督管理部门负责危险化

学品登记的机构（以下简称危险化学品登记机构）办理危险化学品登记。

危险化学品登记包括下列内容：

a. 分类和标签信息；

b. 物理、化学性质；

c. 主要用途；

d. 危险特性；

e. 储存、使用、运输的安全要求；

f. 出现危险情况的应急处置措施。

危险化学品生产企业、进口企业发现其生产、进口的危险化学品有新的危险特性的，应当及时向危险化学品登记机构办理登记内容变更手续。

③ 危险化学品单位应当制定本单位危险化学品事故应急预案，配备应急救援人员和必要的应急救援器材、设备，并定期组织应急救援演练，并将其危险化学品事故应急预案报所在地设区的市级人民政府安全生产监督管理部门备案。

④ 发生危险化学品事故，事故单位主要负责人应当立即按照本单位危险化学品应急预案组织救援，并向当地安全生产监督管理部门和环境保护、公安、卫生主管部门报告；道路运输、水路运输过程中发生危险化学品事故的，驾驶人员、船员或者押运人员还应当向事故发生地交通运输主管部门报告。

⑤ 有关危险化学品单位应当为危险化学品事故应急救援提供技术指导和必要的协助。

8. 说明

①《条例》详细规定了未执行本条例规定内容所应承担的法律责任。

② 本条例施行前已经使用危险化学品从事生产的化工企业，依照《条例》规定需要取得危险化学品安全使用许可证的，应当在国务院安全生产监督管理部门规定的期限内，申请取得危险化学品安全使用许可证。

三、《特种设备安全监察条例》

《特种设备安全监察条例》（简称《条例》）于 2003 年 3 月 11 日中华人民共和国国务院令第 373 号公布。根据 2009 年 1 月 24 日《国务院关于修改〈特种设备安全监察条例〉的决定》国务院令第 549 号修订。修订条例自 2009 年 5 月 1 日起施行，条例共有八章 103 个条款。

1. 明确特种设备的分类、条例适用范围及主管部门

《条例》所称特种设备是指涉及生命安全、危险性较大的锅炉、压力容器（含气瓶，下同）、压力管道、电梯、起重机械、客运索道、大型游乐设施和场（厂）内专用机动车辆。

特种设备的目录由国务院负责特种设备安全监督管理的部门（以下简称国务院特种设备安全监督管理部门）制定，报国务院批准后执行。

特种设备的生产（含设计、制造、安装、改造、维修，下同）、使用、检验检测及其监督检查，应当遵守本条例，但本条例另有规定的除外。

军事装备、核设施、航空航天器、铁路机车、海上设施和船舶以及矿山井下使用的特种设备、民用机场专用设备的安全监察不适用本条例。

房屋建筑工地和市政工程工地用起重机械、场（厂）内专用机动车辆的安装、使用的监督管理，由建设行政主管部门依照有关法律、法规的规定执行。

压力管道设计、安装、使用的安全监督管理办法由国务院另行制定。

国务院特种设备安全监督管理部门负责全国特种设备的安全监察工作，县以上地方负责特种设备安全监督管理的部门对本行政区域内特种设备实施安全监察。

特种设备生产、使用单位应当建立健全特种设备安全、节能管理制度和岗位安全、节能责任制度。

特种设备生产、使用单位和特种设备检验检测机构，应当接受特种设备安全监督管理部门依法进行的特种设备安全监察。

2. 特种设备的安全许可

① 压力容器的设计单位应当经国务院特种设备安全监督管理部门许可，方可从事压力容器的设计活动。

压力容器的设计单位应当具备下列条件：

a. 有与压力容器设计相适应的设计人员、设计审核人员；

b. 有与压力容器设计相适应的场所和设备；

c. 有与压力容器设计相适应的健全的管理制度和责任制度。

② 锅炉、压力容器中的气瓶（以下简称气瓶）、氧舱和客运索道、大型游乐设施以及高耗能特种设备的设计文件，应当经国务院特种设备安全监督管理部门核准的检验检测机构鉴定，方可用于制造。

③ 锅炉、压力容器、电梯、起重机械、客运索道、大型游乐设施及其安全附件、安全保护装置的制造、安装、改造单位，以及压力管道用管子、管件、阀门、法兰、补偿器、安全保护装置等（以下简称压力管道元件）的制造单位和场（厂）内专用机动车辆的制造、改造单位，应当经国务院特种设备安全监督管理部门许可，方可从事相应的活动。

特种设备的制造、安装、改造单位应当具备下列条件：

a. 有与特种设备制造、安装、改造相适应的专业技术人员和技术工人；

b. 有与特种设备制造、安装、改造相适应的生产条件和检测手段；

c. 有健全的质量管理制度和责任制度。

④ 特种设备出厂时，应当附有安全技术规范要求的设计文件、产品质量合格证明、安装及使用维修说明、监督检验证明等文件。

⑤ 锅炉、压力容器、电梯、起重机械、客运索道、大型游乐设施、场（厂）内专用机动车辆的维修单位，应当有与特种设备维修相适应的专业技术人员和技术工人以及必要的检测手段，并经省、自治区、直辖市特种设备安全监督管理部门许可，方可从事相应的维修活动。

⑥ 锅炉、压力容器、起重机械、客运索道、大型游乐设施的安装、改造、维修以及场（厂）内专用机动车辆的改造、维修，必须由依照本条例取得许可的单位进行。

电梯的安装、改造、维修，必须由电梯制造单位或者其通过合同委托、同意的依照本条例取得许可的单位进行。电梯制造单位对电梯质量以及安全运行涉及的质量问题负责。

特种设备安装、改造、维修的施工单位应当在施工前将拟进行的特种设备安装、改造、维修情况书面告知直辖市或者设区的市的特种设备安全监督管理部门，告知后即可施工。

⑦ 电梯井道的土建工程必须符合建筑工程质量要求。电梯安装施工过程中，电梯安装单位应当遵守施工现场的安全生产要求，落实现场安全防护措施。电梯安装施工过程中，施工现场的安全生产监督，由有关部门依照有关法律、行政法规的规定执行。

电梯安装施工过程中，电梯安装单位应当服从建筑施工总承包单位对施工现场的安全生产管理，并订立合同，明确各自的安全责任。

⑧ 锅炉、压力容器、电梯、起重机械、客运索道、大型游乐设施的安装、改造、维修以及场（厂）内专用机动车辆的改造、维修竣工后，安装、改造、维修的施工单位应当在验收后 30 日内将有关技术资料移交使用单位，高耗能特种设备还应当按照安全技术规范的要求提交能效测试报告。使用单位应当将其存入该特种设备的安全技术档案。

⑨ 锅炉、压力容器、压力管道元件、起重机械、大型游乐设施的制造过程和锅炉、压力容器、电梯、起重机械、客运索道、大型游乐设施的安装、改造、重大维修过程，必须经国务院特种设备安全监督管理部门核准的检验检测机构按照安全技术规范的要求进行监督检验；未经监督检验合格的不得出厂或者交付使用。

⑩ 移动式压力容器、气瓶充装单位应当经省、自治区、直辖市的特种设备安全监督管理部门许可，方可从事充装活动。

充装单位应当具备下列条件：

a. 有与充装和管理相适应的管理人员和技术人员；

b. 有与充装和管理相适应的充装设备、检测手段、场地厂房、器具、安全设施；

c. 有健全的充装管理制度、责任制度、紧急处理措施。

气瓶充装单位应当向气体使用者提供符合安全技术规范要求的气瓶，对使用者进行气瓶安全使用指导，并按照安全技术规范的要求办理气瓶使用登记，提出气瓶的定期检验要求。

3. 特种设备的使用

① 特种设备使用单位应当使用符合安全技术规范要求的特种设备。特种设备投入使用前，使用单位应当核对其是否附有本条例规定的相关文件。

② 特种设备在投入使用前或者投入使用后 30 日内，特种设备使用单位应当向直辖市或者设区的市的特种设备安全监督管理部门登记。登记标志应当置于或者附着于该特种设备的显著位置。

③ 特种设备使用单位应当建立特种设备安全技术档案。安全技术档案应当包括以下内容：

a. 特种设备的设计文件、制造单位、产品质量合格证明、使用维护说明等文件以及安装技术文件和资料；

b. 特种设备的定期检验和定期自行检查的记录；

c. 特种设备的日常使用状况记录；

d. 特种设备及其安全附件、安全保护装置、测量调控装置及有关附属仪器仪表的日常维护保养记录；

e. 特种设备运行故障和事故记录；

f. 高耗能特种设备的能效测试报告、能耗状况记录以及节能改造技术资料。

④ 特种设备使用单位应当对在用特种设备进行经常性日常维护保养，并定期自行检查。

特种设备使用单位对在用特种设备应当至少每月进行一次自行检查，并做出记录。特种设备使用单位在对在用特种设备进行自行检查和日常维护保养时发现异常情况的，应当及时处理。

特种设备使用单位应当对在用特种设备的安全附件、安全保护装置、测量调控装置及有关附属仪器仪表进行定期校验、检修，并做出记录。

锅炉使用单位应当按照安全技术规范的要求进行锅炉水（介）质处理，并接受特种设备检验检测机构实施的水（介）质处理定期检验。

从事锅炉清洗的单位，应当按照安全技术规范的要求进行锅炉清洗，并接受特种设备检验检测机构实施的锅炉清洗过程监督检验。

⑤ 特种设备使用单位应当按照安全技术规范的定期检验要求，在安全检验合格有效期届满前 1 个月向特种设备检验检测机构提出定期检验要求。

未经定期检验或者检验不合格的特种设备，不得继续使用。

⑥ 特种设备出现故障或者发生异常情况，使用单位应当对其进行全面检查，消除事故隐患后，方可重新投入使用。

特种设备不符合能效指标的，特种设备使用单位应当采取相应措施进行整改。

⑦ 特种设备存在严重事故隐患，无改造、维修价值，或者超过安全技术规范规定使用年限，特种设备使用单位应当及时予以报废，并应当向原登记的特种设备安全监督管理部门办理注销。

⑧ 电梯的日常维护保养必须由依照本条例取得许可的安装、改造、维修单位或者电梯制造单位进行。

电梯应当至少每 15 日进行一次清洁、润滑、调整和检查。

⑨ 电梯、客运索道、大型游乐设施等为公众提供服务的特种设备运营使用单位，应当设置特种设备安全管理机构或者配备专职的安全管理人员；其他特种设备使用单位，应当根据情况设置特种设备安全管理机构或者配备专职、兼职的安全管理人员。

特种设备的安全管理人员应当对特种设备使用状况进行经常性检查，发现问题的应当立即处理；情况紧急时，可以决定停止使用特种设备并及时报告本单位有关负责人。

⑩ 客运索道、大型游乐设施的运营使用单位在客运索道、大型游乐设施每日投入使用前，应当进行试运行和例行安全检查，并对安全装置进行检查确认。

电梯、客运索道、大型游乐设施的运营使用单位应当将电梯、客运索道、大型游乐设施的安全注意事项和警示标志置于易于被乘客注意的显著位置。并结合本单位的实际情况，配备相应数量的营救装备和急救物品。

客运索道、大型游乐设施的运营使用单位的主要负责人至少应当每月召开一次会议，督促、检查客运索道、大型游乐设施的安全使用工作。

⑪ 锅炉、压力容器、电梯、起重机械、客运索道、大型游乐设施、场（厂）内专用机动车辆的作业人员及其相关管理人员（以下统称特种设备作业人员），应当按照国家有关规定经特种设备安全监督管理部门考核合格，取得国家统一格式的特种作业人员证书，方可从事相应的作业或者管理工作。

⑫ 特种设备使用单位应当对特种设备作业人员进行特种设备安全、节能教育和培训，保证特种设备作业人员具备必要的特种设备安全、节能知识。

特种设备作业人员在作业中应当严格执行特种设备的操作规程和有关的安全规章制度。

⑬ 特种设备作业人员在作业过程中发现事故隐患或者其他不安全因素，应当立即向现

场安全管理人员和单位有关负责人报告。

4. 特种设备的检验检测

① 本条例规定的特种设备检验检测机构，应当经国务院特种设备安全监督管理部门核准。

特种设备使用单位设立的特种设备检验检测机构，经国务院特种设备安全监督管理部门核准，负责本单位核准范围内的特种设备定期检验工作。

② 特种设备检验检测机构，应当具备下列条件：

a. 有与所从事的检验检测工作相适应的检验检测人员；

b. 有与所从事的检验检测工作相适应的检验检测仪器和设备；

c. 有健全的检验检测管理制度、检验检测责任制度。

③ 特种设备的检验、检测应当由依照本条例经核准的特种设备检验检测机构进行。

④ 从事本条例规定的检验、检测的特种设备检验检测人员应当经国务院特种设备安全监督管理部门组织考核合格，取得检验检测人员证书，方可从事检验检测工作。

5. 特种设备的监督检查

① 特种设备安全监督管理部门对特种设备生产、使用单位和检验检测机构实施安全监察时，应当有两名以上特种设备安全监察人员参加，并出示有效的特种设备安全监察人员证件。

② 特种设备安全监督管理部门对特种设备生产、使用单位和检验检测机构进行安全监察时，发现有违反本条例规定和安全技术规范要求的行为或者在用的特种设备存在事故隐患、不符合能效指标的，应当以书面形式发出特种设备安全监察指令，责令有关单位及时采取措施，予以改正或者消除事故隐患。紧急情况下需要采取紧急处置措施的，应当随后补发书面通知。

6. 特种设备事故预防和调查处理

(1) 有下列情形之一的，为特别重大事故：

a. 特种设备事故造成 30 人以上死亡，或者 100 人以上重伤（包括急性工业中毒，下同），或者 1 亿元以上直接经济损失的；

b. 600MW 以上锅炉爆炸的；

c. 压力容器、压力管道有毒介质泄漏，造成 15 万人以上转移的；

d. 客运索道、大型游乐设施高空滞留 100 人以上并且时间在 48h 以上的。

(2) 有下列情形之一的，为重大事故：

a. 特种设备事故造成 10 人以上 30 人以下死亡，或者 50 人以上 100 人以下重伤，或者 5000 万元以上 1 亿元以下直接经济损失的；

b. 600MW 以上锅炉因安全故障中断运行 240h 以上的；

c. 压力容器、压力管道有毒介质泄漏，造成 5 万人以上 15 万人以下转移的；

d. 客运索道、大型游乐设施高空滞留 100 人以上并且时间在 24h 以上 48h 以下的。

(3) 有下列情形之一的，为较大事故：

a. 特种设备事故造成 3 人以上 10 人以下死亡，或者 10 人以上 50 人以下重伤，或者

1000 万元以上 5000 万元以下直接经济损失的；

b. 锅炉、压力容器、压力管道爆炸的；

c. 压力容器、压力管道有毒介质泄漏，造成 1 万人以上 5 万人以下转移的；

d. 起重机械整体倾覆的；

e. 客运索道、大型游乐设施高空滞留人员 12h 以上的。

(4) 有下列情形之一的，为一般事故：

a. 特种设备事故造成 3 人以下死亡，或者 10 人以下重伤，或者 1 万元以上 1000 万元以下直接经济损失的；

b. 压力容器、压力管道有毒介质泄漏，造成 500 人以上 1 万人以下转移的；

c. 电梯轿厢滞留人员 2h 以上的；

d. 起重机械主要受力结构件折断或者起升机构坠落的；

e. 客运索道高空滞留人员 3.5h 以上 12h 以下的；

f. 大型游乐设施高空滞留人员 1h 以上 12h 以下的。

除前款规定外，国务院特种设备安全监督管理部门可以对一般事故的其他情形做出补充规定。

上述事故分类所称的“以上”包括本数，所称的“以下”不包括本数。

(5) 特种设备安全监督管理部门应当制定特种设备应急预案。特种设备使用单位应当制定事故应急专项预案，并定期进行事故应急演练。

压力容器、压力管道发生爆炸或者泄漏，在抢险救援时应当区分介质特性，严格按照相关预案规定程序处理，防止二次爆炸。

(6) 特种设备事故发生后，事故发生单位应当立即启动事故应急预案，组织抢救，防止事故扩大，减少人员伤亡和财产损失，并及时向事故发生地县以上特种设备安全监督管理部门和有关部门报告。

(7) 特别重大事故由国务院或者国务院授权有关部门组织事故调查组进行调查。

重大事故由国务院特种设备安全监督管理部门会同有关部门组织事故调查组进行调查。

较大事故由省、自治区、直辖市特种设备安全监督管理部门会同有关部门组织事故调查组进行调查。

一般事故由设区的市的特种设备安全监督管理部门会同有关部门组织事故调查组进行调查。

(8) 事故调查报告应当由负责组织事故调查的特种设备安全监督管理部门的所在地人民政府批复，并报上一级特种设备安全监督管理部门备案。

有关机关应当按照批复，依照法律、行政法规规定的权限和程序，对事故责任单位和有关人员进行行政处罚，对负有事故责任的国家工作人员进行处分。

7. 其他说明

① 本条例对违反本条例规定的各种情形明确了详细的法律责任。

② 本条例下列用语的含义是：

a. 锅炉，是指利用各种燃料、电或者其他能源，将所盛装的液体加热到一定的参数，并对外输出热能的设备，其范围规定为容积大于或者等于 30L 的承压蒸汽锅炉；出口水压大于或者等于 0.1MPa（表压），且额定功率大于或者等于 0.1MW 的承压热水锅炉；有机热载体锅炉。

b. 压力容器，是指盛装气体或者液体，承载一定压力的密闭设备，其范围规定为最高工作压力大于或者等于0.1MPa（表压），且压力与容积的乘积大于或者等于2.5MPa·L的气体、液化气体和最高工作温度高于或者等于标准沸点的液体的固定式容器和移动式容器；盛装公称工作压力大于或者等于0.2MPa（表压），且压力与容积的乘积大于或者等于1.0MPa·L的气体、液化气体和标准沸点等于或者低于60℃液体的气瓶；氧舱等。

c. 压力管道，是指利用一定的压力，用于输送气体或者液体的管状设备，其范围规定为最高工作压力大于或者等于0.1MPa（表压）的气体、液化气体、蒸气介质或者可燃、易爆、有毒、有腐蚀性、最高工作温度高于或者等于标准沸点的液体介质，且公称直径大于25mm的管道。

d. 电梯，是指动力驱动，利用沿刚性导轨运行的箱体或者沿固定线路运行的梯级（踏步），进行升降或者平行运送人、货物的机电设备，包括载人（货）电梯、自动扶梯、自动人行道等。

e. 起重机械，是指用于垂直升降或者垂直升降并水平移动重物的机电设备，其范围规定为额定起重量大于或者等于0.5t的升降机；额定起重量大于或者等于1t，且提升高度大于或者等于2m的起重机和承重形式固定的电动葫芦等。

f. 客运索道，是指动力驱动，利用柔性绳索牵引箱体等运载工具运送人员的机电设备，包括客运架空索道、客运缆车、客运拖牵索道等。

g. 大型游乐设施，是指用于经营目的，承载乘客游乐的设施，其范围规定为设计最大运行线速度大于或者等于2m/s，或者运行高度距地面高于或者等于2m的载人大型游乐设施。

h. 场（厂）内专用机动车辆，是指除道路交通、农用车辆以外仅在工厂厂区、旅游景区、游乐场所等特定区域使用的专用机动车辆。

③ 特种设备包括其所用的材料、附属的安全附件、安全保护装置和与安全保护装置相关的设施。

四、《生产安全事故应急条例》

2018年12月5日国务院第33次常务会议通过《生产安全事故应急条例》（中华人民共和国国务院令 第708号，以下简称《应急条例》），自2019年4月1日起施行。共计四章三十五条。《应急条例》适用于储存、使用易燃易爆物品、危险化学品等危险物品的科研机构、学校、医院等单位的安全事故应急工作，参照本条例有关规定执行。本书主要介绍《应急条例》对生产经营单位应急工作的要求。

1. 明确了生产安全事故应急工作的职责权限

《应急条例》第三条规定，国务院统一领导全国的生产安全事故应急工作，县级以上地方人民政府统一领导本行政区域内的生产安全事故应急工作。生产安全事故应急工作涉及两个以上行政区域的，由有关行政区域共同的上一级人民政府负责，或者由各有关行政区域的上一级人民政府共同负责。

县级以上人民政府应急管理部门和其他对有关行业、领域的安全生产工作实施监督管理的部门（以下统称负有安全生产监督管理职责的部门）在各自职责范围内，做好有关行业、领域的生产安全事故应急工作。

县级以上人民政府应急管理部门指导、协调本级人民政府其他负有安全生产监督管理职责的部门和下级人民政府的生产安全事故应急工作。

乡、镇人民政府以及街道办事处等地方人民政府派出机关应当协助上级人民政府有关部门依法履行生产安全事故应急工作职责。

第四条规定，生产经营单位应当加强生产安全事故应急工作，建立、健全生产安全事故应急工作责任制，其主要负责人对本单位的生产安全事故应急工作全面负责。

2. 对生产安全事故应急救援预案的编写原则、内容、修订、备案与公布以及演练提出了要求

《应急条例》第六条规定，生产安全事故应急救援预案应当具有科学性、针对性和可操作性，明确规定应急组织体系、职责分工以及应急救援程序和措施。

有下列情形之一的，生产安全事故应急救援预案制定单位应当及时修订相关预案：

① 制定预案所依据的法律、法规、规章、标准发生重大变化；

② 应急指挥机构及其职责发生调整；

③ 安全生产面临的风险发生重大变化；

④ 重要应急资源发生重大变化；

⑤ 在预案演练或者应急救援中发现需要修订预案的重大问题；

⑥ 其他应当修订的情形。

《应急条例》第七条规定，易燃易爆物品、危险化学品等危险物品的生产、经营、储存、运输单位，矿山、金属冶炼、城市轨道交通运营、建筑施工单位，以及宾馆、商场、娱乐场所、旅游景区等人员密集场所经营单位，应当将其制定的生产安全事故应急救援预案按照国家有关规定报送县级以上人民政府负有安全生产监督管理职责的部门备案，并依法向社会公布。

《应急条例》第八条规定，易燃易爆物品、危险化学品等危险物品的生产、经营、储存、运输单位，矿山、金属冶炼、城市轨道交通运营、建筑施工单位，以及宾馆、商场、娱乐场所、旅游景区等人员密集场所经营单位，应当至少每半年组织 1 次生产安全事故应急救援预案演练，并将演练情况报送所在地县级以上地方人民政府负有安全生产监督管理职责的部门。

3. 对应急队伍建设、应急救援装备等作出了规定

《应急条例》第十条规定，易燃易爆物品、危险化学品等危险物品的生产、经营、储存、运输单位，矿山、金属冶炼、城市轨道交通运营、建筑施工单位，以及宾馆、商场、娱乐场所、旅游景区等人员密集场所经营单位，应当建立应急救援队伍；其中，小型企业或者微型企业等规模较小的生产经营单位，可以不建立应急救援队伍，但应当指定兼职的应急救援人员，并且可以与邻近的应急救援队伍签订应急救援协议。

工业园区、开发区等产业聚集区域内的生产经营单位，可以联合建立应急救援队伍。

《应急条例》第十一条规定，应急救援队伍的应急救援人员应当具备必要的专业知识、技能、身体素质和心理素质。

应急救援队伍建立单位或者兼职应急救援人员所在单位应当按照国家有关规定对应急救援人员进行培训；应急救援人员经培训合格后，方可参加应急救援工作。

应急救援队伍应当配备必要的应急救援装备和物资，并定期组织训练。

《应急条例》第十三条规定，易燃易爆物品、危险化学品等危险物品的生产、经营、储存、运输单位，矿山、金属冶炼、城市轨道交通运营、建筑施工单位，以及宾馆、商场、娱乐场所、旅游景区等人员密集场所经营单位，应当根据本单位可能发生的生产安全事故的特点和危害，配备必要的灭火、排水、通风以及危险物品稀释、掩埋、收集等应急救援器材、设备和物资，并进行经常性维护、保养，保证正常运转。

4. 对建立应急值班制度及成立应急技术组织作出了规定

《应急条例》第十四条规定，危险物品的生产、经营、储存、运输单位以及矿山、金属冶炼、城市轨道交通运营、建筑施工单位应当建立应急值班制度，配备应急值班人员；规模较大、危险性较高的易燃易爆物品、危险化学品等危险物品的生产、经营、储存、运输单位应当成立应急处置技术组，实行 24h 应急值班。

5. 对生产经营单位采取的应急救援措施提出了要求

《应急条例》第十七条规定，发生生产安全事故后，生产经营单位应当立即启动生产安全事故应急救援预案，采取下列一项或者多项应急救援措施，并按照国家有关规定报告事故情况：

① 迅速控制危险源，组织抢救遇险人员；

② 根据事故危害程度，组织现场人员撤离或者采取可能的应急措施后撤离；

③ 及时通知可能受到事故影响的单位和人员；

④ 采取必要措施，防止事故危害扩大和次生、衍生灾害发生；

⑤ 根据需要请求邻近的应急救援队伍参加救援，并向参加救援的应急救援队伍提供相关技术资料、信息和处置方法；

⑥ 维护事故现场秩序，保护事故现场和相关证据；

⑦ 法律、法规规定的其他应急救援措施。

应急救援队伍根据救援命令参加生产安全事故应急救援所耗费用，由事故责任单位承担；事故责任单位无力承担的，由有关人民政府协调解决。

参加生产安全事故现场应急救援的单位和个人应当服从现场指挥部的统一指挥。

五、《生产安全事故报告和调查处理条例》

2007 年 4 月 9 日，国务院公布了《生产安全事故报告和调查处理条例》（以下简称《条例》），《条例》于 2007 年 6 月 1 日起施行。《条例》共分为 6 章 46 条。

1. 生产安全事故的等级划分

根据生产安全事故（以下简称事故）造成的人员伤亡或者直接经济损失，事故一般分为以下四个等级。

（1）特别重大事故　是指造成 30 人以上死亡，或者 100 人以上重伤（包括急性工业中毒，下同），或者 1 亿元以上直接经济损失的事故。

（2）重大事故　是指造成10人以上30人以下死亡，或者50人以上100人以下重伤，或者5000万元以上1亿元以下直接经济损失的事故。

（3）较大事故　是指造成3人以上10人以下死亡，或者10人以上50人以下重伤，或者1000万元以上5000万元以下直接经济损失的事故。

（4）一般事故　是指造成3人以下死亡，或者10人以下重伤，或者1000万元以下直接经济损失的事故。

此外，《条例》明确国务院安全生产监督管理部门可以会同国务院有关部门，制定事故等级划分的补充性规定。上述分类中所称的“以上”包括本数，所称的“以下”不包括本数。

2. 报告事故应当包括内容

《条例》规定报告事故应当包括下列内容：

① 事故发生单位概况；

② 事故发生的时间、地点以及事故现场情况；

③ 事故的简要经过；

④ 事故已经造成或者可能造成的伤亡人数（包括下落不明的人数）和初步估计的直接经济损失；

⑤ 已经采取的措施；

⑥ 其他应当报告的情况。

3. 事故报告的原则、程序及其注意事项

事故报告应当及时、准确、完整，任何单位和个人对事故不得迟报、漏报、谎报或者瞒报。

事故发生后，事故现场有关人员应当立即向本单位负责人报告；单位负责人接到报告后，应当于1h内向事故发生地县级以上人民政府安全生产监督管理部门和负有安全生产监督管理职责的有关部门报告。

情况紧急时，事故现场有关人员可以直接向事故发生地县级以上人民政府安全生产监督管理部门和负有安全生产监督管理职责的有关部门报告。

自事故发生之日起30日内，事故造成的伤亡人数发生变化的，应当及时补报。道路交通事故、火灾事故自发生之日起7日内，事故造成的伤亡人数发生变化的，应当及时补报。

事故发生单位负责人接到事故报告后，应当立即启动事故相应应急预案，或者采取有效措施，组织抢救，防止事故扩大，减少人员伤亡和财产损失。

在启动事故相应应急预案过程中，应当妥善保护事故现场以及相关证据，任何单位和个人不得破坏事故现场、毁灭相关证据。

因抢救人员、防止事故扩大以及疏通交通等原因，需要移动事故现场物件的，应当做出标志，绘制现场简图并做出书面记录，妥善保存现场重要痕迹、物证。

4. 事故调查报告的内容及注意事项

事故调查处理应当及时、准确地查清事故经过、事故原因和事故损失，查明事故性质，

认定事故责任，总结事故教训，提出整改措施，并对事故责任者依法追究责任。

（1）事故调查报告的内容

① 事故发生单位概况；

② 事故发生经过和事故救援情况；

③ 事故造成的人员伤亡和直接经济损失；

④ 事故发生的原因和事故性质；

⑤ 事故责任的认定以及对事故责任者的处理建议；

⑥ 事故防范和整改措施。

事故调查报告应当附具有关证据材料。事故调查组成员应当在事故调查报告上签名。

（2）事故调查过程中的注意事项

① 事故调查组有权向有关单位和个人了解与事故有关的情况，并要求其提供相关文件、资料，有关单位和个人不得拒绝。

② 事故发生单位的负责人和有关人员在事故调查期间不得擅离职守，并应当随时接受事故调查组的询问，如实提供有关情况。

③ 事故调查中发现涉嫌犯罪的，事故调查组应当及时将有关材料或者其复印件移交司法机关处理。

5. 法律责任

（1）事故发生单位主要负责人有下列行为之一的，处上一年年收入40%～80%的罚款；属于国家工作人员的，并依法给予处分；构成犯罪的，依法追究刑事责任：

a. 不立即组织事故抢救的；

b. 迟报或者漏报事故的；

c. 在事故调查处理期间擅离职守的。

（2）事故发生单位及其有关人员有下列行为之一的，对事故发生单位处100万元以上500万元以下的罚款；对主要负责人、直接负责的主管人员和其他直接责任人员处上一年年收入60%～100%的罚款；属于国家工作人员的，并依法给予处分；构成违反治安管理行为的，由公安机关依法给予治安管理处罚；构成犯罪的，依法追究刑事责任：

a. 谎报或者瞒报事故的；

b. 伪造或者故意破坏事故现场的；

c. 转移、隐匿资金、财产，或者销毁有关证据、资料的；

d. 拒绝接受调查或者拒绝提供有关情况和资料的；

e. 在事故调查中作伪证或者指使他人作伪证的；

f. 事故发生后逃匿的。

（3）事故发生单位对事故发生负有责任的，依照下列规定处以罚款：

a. 发生一般事故的，处10万元以上20万元以下的罚款；

b. 发生较大事故的，处20万元以上50万元以下的罚款；

c. 发生重大事故的，处50万元以上200万元以下的罚款；

d. 发生特别重大事故的，处200万元以上500万元以下的罚款。

（4）事故发生单位主要负责人未依法履行安全生产管理职责，导致事故发生的，依照下列规定处以罚款；属于国家工作人员的，并依法给予处分；构成犯罪的，依法追究刑事责任：

a. 发生一般事故的，处上一年年收入 30%的罚款；

b. 发生较大事故的，处上一年年收入 40%的罚款；

c. 发生重大事故的，处上一年年收入 60%的罚款；

d. 发生特别重大事故的，处上一年年收入 80%的罚款。

该条例自 2007 年 6 月 1 日起施行后，国务院于 1989 年 3 月 29 日公布的《特别重大事故调查程序暂行规定》和 1991 年 2 月 22 日公布的《企业职工伤亡事故报告和处理规定》同时废止。

案例介绍

【案例】 ××年×月×日，某冶金企业清渣班副班长在班前会上讲完安全注意事项后，做了当天的工作安排：由王某、李某负责吊、翻渣盆，其他人员到氧顶炉炉坑下打扫卫生和开氧顶渣车。10 时 30 分左右，清渣工林某某、刘某某将渣车从氧顶炉炉坑开出，天车工张某将渣车上的渣盆吊起，由王某指挥将渣盆放在渣场回水池方向第三根柱头旁打水冷却，后回家吃中午饭。

13 时，王某与其他人继续清渣工作。约 14 时 30 分，王某为了扩大工作场地面积，以便于二班操作方便，违反车间“不准重叠渣盆”的规定，指挥天车工将渣场中央挡道的一个渣盆放在另一个渣盆即上午放置的渣盆上，并取掉吊钩；正要离开时，下方渣盆发生爆炸，将王某打倒在地，周身着火，烧伤Ⅲ度，烧伤面积 99.9%，因抢救无效于当日 18 时死亡。

调查组认为：渣盆重叠，将下面未冷却的熔渣壳震破，冷水渗透到下面未冷却熔渣上，引起水蒸气爆炸。

对炽热的金属渣盆打水强迫快速冷却这种作业程序已有时日，以前发生过数次类似的未遂事故。

背景情况：生产任务由去年产钢 5 万吨增加到该年 10 万吨，就是有资金也无法停产改造，何况条件还有限。10 万吨钢的任务要求提前 14 天完成。对“打水强迫快速冷却”的作业程序，车间多次向厂领导反映过。

项目要求：逐一指出违法事实，指明违反法规（《安全生产法》）条款及其具体内容（可节选相关内容），并说明理由。

习题

一、问答题

1. 依据《安全生产法》，生产经营单位应当履行哪些职责？
2. 《安全生产法》规定了哪些制度？对从业人员规定了哪些权利和义务？
3. 依据《危险化学品安全管理条例》，危险化学品生产、储存单位应当履行哪些职责？
4. 为确保特种设备的安全使用，《特种设备安全监察条例》对特种设备使用单位提出了哪些要求？

5. 依据《生产安全事故报告和调查处理条例》，企业在发生事故后应做好哪些工作？

二、思考题

1. 在日常工作中，如何利用法律、法规、标准、条例等保障职业安全，实现安全生产？
2. 特种设备的管理与一般设备的管理为什么会有区别？

参考文献

[1] GB/T 45001—2020/ISO 45001：2018. 职业健康安全管理体系　要求及使用指南 .

[2] GB/T 33000—2016. 企业安全生产标准化基本规范 .

[3] GB 18218—2018. 危险化学品重大危险源辨识 .

[4] GB/T 29639—2020. 生产经营单位生产安全事故应急预案编制导则 .

[5] AQ/T 9011—2019. 生产经营单位安全生产事故预案评估指南 .

[6] GB/T 13861—2022. 生产过程危险和有害因素分类与代码 .

[7] TSG 21—2016. 固定式压力容器安全技术监察规程 .

[8] GB 30871—2022. 化学品生产单位特殊作业安全规范 .

[9] HG 20571—2014. 化工企业安全卫生设计规范 .

[10] GB 50058—2014. 爆炸危险环境电力装置设计规范 .

[11] GB 50016—2014. 建筑设计防火规范（2018 版）.

[12] GB 39800.1—2020. 个体防护装备配备规范 .

[13] GB/T 7144—2016. 气瓶颜色标志 .

[14] 刘景良 . 安全管理 [M]. 4 版 . 北京：化学工业出版社，2021.

[15] 刘景良 . 化工安全技术 [M]. 4 版 . 北京：化学工业出版社，2019.

[16] 中国安全生产协会注册安全工程师工作委员会，中国安全生产科学研究院 . 安全生产管理知识（2011 年）[M]. 北京：中国大百科全书出版社，2011.

[17] 教育部高等学校安全工程学科教学指导委员会 . 安全科技概论 [M]. 北京：中国劳动社会保障出版社，2011.

[18] 罗云，许铭 . 现代安全管理 [M]. 3 版 . 北京：化学工业出版社，2016.

[19] 崔政斌，张美元，赵海波 . 世界 500 强企业安全管理理念 [M]. 北京：化学工业出版社，2015.

[20] 毛海峰，安全管理心理学 [M]. 北京：化学工业出版社，2004.

[21] 隋鹏程，陈宝智，隋旭 . 安全原理 [M]. 北京：化学工业出版社，2005.

[22] 崔政斌，邱成，徐德蜀 . 企业安全管理新编 [M]. 北京：化学工业出版社，2004.

[23] 刘刚，王伟 . 企业安全生产管理 [M]. 北京：中国石化出版社，2020.

[24] 孙玉叶，夏登友 . 危险化学品事故应急救援与处置 [M]. 北京：化学工业出版社，2008.